U0173256

国家社科基金重点项目 (21AZX013)
重庆市社会科学规划项目（2022BS016）

密码协议分析

基于认知逻辑

陈小娟　邓辉文 ◎ 著

清华大学出版社
北京

内 容 简 介

本书介绍了基于认知逻辑的密码协议分析。从密码协议的逻辑分析讲起，介绍密码学的基础知识、认知逻辑基础理论，到用认知中的行为、行为模型以及时态认知逻辑分析具体的密码协议，以具体实例阐述了用动态认知逻辑的理论来分析密码协议的安全性。本书内容的编排由浅入深层层展开，适合各层次的读者参阅，可为密码协议分析和网络安全提供一定的理论与技术支撑。

本书可供相关专业的教师、科研人员或工程技术人员参考，也可供高等院校计算机科学与技术、网络空间安全、通信工程以及逻辑学等专业高年级本科生和研究生学习使用。

图书在版编目（CIP）数据

密码协议分析：基于认知逻辑/陈小娟，邓辉文著. —北京：清华大学出版社，2023.12
ISBN 978-7-302-63338-9

Ⅰ.①密… Ⅱ.①陈… ②邓… Ⅲ.①密码协议－研究 Ⅳ.①TN918.1

中国国家版本馆 CIP 数据核字（2023）第 063542 号

责任编辑： 汪汉友
封面设计： 常雪影
责任校对： 申晓焕
责任印制： 丛怀宇

出版发行： 清华大学出版社
    网 址：https://www.tup.com.cn，https://www.wqxuetang.com
    地 址：北京清华大学学研大厦 A 座 邮 编：100084
    社 总 机：010-83470000 邮 购：010-62786544
    投稿与读者服务：010-62776969，c-service@tup.tsinghua.edu.cn
    质量反馈：010-62772015，zhiliang@tup.tsinghua.edu.cn
    课件下载：https://www.tup.com.cn，010-83470236
印 装 者： 三河市龙大印装有限公司
经 销： 全国新华书店
开 本： 170mm×230mm **印 张：** 7 **字 数：** 126 千字
版 次： 2023 年 12 月第 1 版 **印 次：** 2023 年 12 月第 1 次印刷
定 价： 99.00 元

产品编号：091017-01

随着 5G 通信技术的发展,信息已经成为一种重要的战略性资源,信息的获取能力、处理能力、安全保障机制已经成为一个组织或国家综合实力的重要组成部分。信息安全是一个国家、组织、企业、个人都关注的核心问题。没有信息安全,就没有真正意义的政治、经济、军事的安全。从计算机安全、通信安全到网络安全都已成为人们关注的问题。信息安全包括 3 个层面:信息自身的安全、信息系统的安全,以及由信息系统安全引发的生命财产安全、物质安全、社会安全等其他安全。信息自身的安全包括信息存储安全和传输安全。信息系统的安全包括信息行为安全、内容安全、数据安全、设备安全,其中数据安全既是传统的信息安全又是信息自身的安全。信息安全是计算机科学中一个重要的研究领域,作为安全保障机制的可信计算、密码学、网络安全和信息隐藏等方面的研究与发展近年来如火如荼。对信息进行加密是保障信息安全的重要手段。所以密码学在信息安全中十分重要。

为了保障信息安全,在网络通信协议中使用了密码技术,使用密码机制的协议称为密码协议。所谓网络协议,是指为在计算机网络通信中进行数据交换而建立的规则、标准或约定的集合。如今的网络通信日益发达,密码协议的使用越来越重要,它可为网络系统提供各种安全服务,保障计算机网络信息系统中秘密信息的安全传输、处理与存储,确保网络用户能够安全、方便、透明地使用系统中的信息资源。密码协议在金融系统、商务系统、政务系统、军事系统和社会生活中的应用日益普遍。

密码协议的设计和安全性分析一直是信息安全中的难点。协议设计完成之后,需要一个有效的工具来分析其安全性,以避免由于设计缺陷而导致的危害。因为密码协议的安全性不仅依赖于所用密码算法的安全强度,还与协议程序的逻辑结构有着密切的关系。如果协议逻辑自身有缺陷,就相当于在坚实的城墙中留下了一个无人看守的后门,为未授权者获得信息和伪造或假冒提供帮助。因此,对密码协议安全性的逻辑分析就显得尤为重要。

认知逻辑是模态逻辑的一个重要分支。认知逻辑与动态逻辑融合,可形成动态认知逻辑,旨在描述主体的知识由于公开宣告或认知行为引起的变化以及为变化的信息提供一套形式化的处理办法。从模态逻辑的角度看,模态可以用来刻画一个行动。作为一种多模态逻辑,动态逻辑可以描述计算机程序的调用与执行。一个调用或执行可被看作一个行动,动作的执行可导致参与主体的知识发生变化,这些变化用动态认知逻辑进行刻画。从知识的角度看,模态又可被看作知识的处理和知识变化的处理,即从初始状态到最终状态的变化情况。这与计算机程序运行中,由信息的发送和主体的某些操作带来的知识变化刚好吻合。这使它在计算机科学、博弈论、人工智能和信息安全中得到广泛应用。在密码协议的执行过程中,各个主体拥有的知识和协议会因信息的发送和主体的某些操作而带来知识的变化,这些变化可由动态认知逻辑提供的一套形式化理论进行处理。认知逻辑与时态逻辑的融合形成了时态认知逻辑,可以用于刻画不同时刻主体的知识及其变化,描述与时间相关的密码协议。由此采用了认知逻辑分析密码协议,从逻辑上对协议的安全性进行分析和验证。

本书结合作者在本领域所做的工作,介绍了基于认知逻辑的密码协议分析,从密码协议的逻辑分析讲起,介绍密码学的基础知识、认知逻辑基础理论,到用认知中的行为、行为模型以及时态认知逻辑分析具体的密码协议,以具体实例阐述了用动态认知逻辑的理论来分析密码协议的安全性。本书内容的编排由浅入深层层展开,适合各层次的读者参阅,希望对其他研究者有一定的参考价值,为密码协议分析和网络安全提供一定的理论与技术支撑。

本书可供相关专业的教师、科研人员或工程技术人员参考,也可供高等院校计算机科学与技术、网络空间安全、通信工程以及逻辑学等专业高年级本科生和研究生学习使用。

在本书的写作过程中,得到了国家社会科学基金重点项目(21AZX013)、重庆市社会科学规划项目(2022BS016)资助,以及项目组各成员的帮助,在此深表感谢!

由于作者水平有限,书中难免有疏漏之处,敬请读者指正。

作　者

2023 年 10 月

CONTENTS >>> 目 录

第一部分 基 础 知 识

第一部分

基础知识

第 1 章

密码协议的逻辑分析概述

1.1 引言

从逻辑分析角度看,密码协议分析是一门典型的交叉学科。从事该领域的研究不仅需要逻辑学知识,而且需要计算机和密码学知识。密码协议的分析方法总体分为非逻辑分析方法与逻辑分析方法。非逻辑分析方法主要是代数模型方法;逻辑分析方法又称为形式化方法。逻辑分析方法产生于 20 世纪 80 年代,已广泛用于解决各种理论与实际问题。在计算机安全领域中,形式化方法应用于密码协议的分析与验证,至今仍然是研究的热点。

1.2 逻辑分析方法概览

自从 Dolev-Yao 模型首次使用逻辑分析方法对密码协议进行分析以来,各种用于密码协议分析的逻辑方法不断涌现。BAN(Burrows、Abadi 和 Needham)逻辑[1]开创了密码协议逻辑分析的先河。BAN 逻辑通过形式化的方法验证和分析密码协议的安全性,极大地激发了研究者对密码协议进行形式分析的兴趣,是密码协议分析发展史中的里程碑。BAN 逻辑的形式化是建立在多种类型的模态逻辑之上的,后来有研究者发现 BAN 逻辑存在许多缺陷,因此 BAN 逻辑被扩展到 GNY(Li Gong,Roger Needham,Raphael Yahalom)逻辑[2]、VO(Paul van Oorschot)逻辑[3]和 MB(Wenbo Mao 和 Colin Boyd)逻辑[4]。由 Abadi 和 Tuttle 提出的 AT 逻辑[5]将 BAN 逻辑的语法、语义、规则进行了改进。随着 BAN 逻辑在应用中的不断改进,AT 逻辑一直在射频识别系统[6]、物联网系统[7-8]、远程认证协议[9]中的安全协议或认证协议验证工具中使用。时至今日,仍有学者在研究 BAN 逻辑以及其他逻辑的混合[10-13]。SVO[14,15-16]逻辑是对逻辑语义有着更严格定义的协议逻辑。基于 SVO 逻辑的协议模型具有更加广泛的应用范围。除上述几种逻辑外,还有非单调逻辑[17]、与时间相关的密码协议逻辑[18-19]、协议合成逻辑[20]等其他用于密码协议分析的逻辑。也有人将密码学知识完全公理化[21],研究如何将密码学中的概念以及问题进行逻辑表示,详见 Simon Kramer 在文献[22]中的阐述。

在所有的逻辑分析中,常用以下 4 种典型的分析方法找出密码协议的攻击。

(1)通过归纳证明找到新的攻击[23-25]、递归协议、Needham-Schroeder 协议和 Otway-Rees 协议。

(2)通过分析发现 Lowea 攻击和新的攻击。

(3)运用归纳的方法对多播安全协议进行验证,扩展了归纳法,使之能够对多播消息转换框架进行推理,并建立了一个表示多播通信的理论,建立这个理论的目的是构建更灵活的机制,使归纳法表示新的协议类。

(4)通过重写规则找到攻击的逻辑方法[26-27]。通过重写规则给出协议中所有主体的攻击者行为。通过这些策略和一组重写规则,协议中的潜在攻击会被发现。在用基于逻辑重写的计算机语言与系统形式化地分析密码认证连接建立协议[28]时,首先假设密码在某次会话完成时被入侵者获取,原协议暴露出安全缺陷,因此在协议中使用一次性密码。形式化分析更新版本有着相应的认证或许可的性质。这个密码协议应用在电子护照中,可使电子护照在使用时更为安全。

过程演算也可以分析密码协议[29-32],它采用标准静态分析的思想,用类型化的过程演算表示信息的安全[33-38]。对加密数据进行操作时,由于静态分析的思想存在不足,因此改进了对加密数据的操作方案[39],描述了协议,给出基于类型化过程演算的协议安全性证明。过程演算方法[40]使用了 π 演算的一个变种,是一种由并行运行的过程构造全局状态的操作。这种语言可以翻译成多集重写规则,同时保留所有的安全属性,这些安全属性可用一阶逻辑来表达。语言的翻译可以在原型工具中实现,并用于安全令牌和合同签署协议的研究。例如,应用有条件的 π 演算等价性自动推理机制分析电子投票系统的隐私性[41],就是对安全协议中匿名性等重要性质的研究。

在验证协议安全性时,模型检测仍然是一种广泛使用的方法。当把 Dolev-Yao 攻击扩展为多攻击者模型[42]时,这个新的威胁模型会被用来分析一个经典的 Needham-Schroeder 公钥协议等问题。在分析时所用的数据独立技术是采用模型检测器来验证协议安全性[43]的,该技术使用抽象数据和演绎规则来证明模型检测的结果,分析 IEEE 802.11 协议中的双向认证、组通信、密钥建立[44]。

Android(安卓)许可协议所用的形式化模型[45],实质上是一个协议检测器,这个方法允许自动进行协议的形式化分析,以识别许可机制中的潜在缺陷。模型检测还可对保密密钥管理协议进行形式化分析[46],用线性时态逻辑公式和断言进行建模表示活性、连续性和消息一致性等特性。模型验证的结果表明,该协议中可能存在攻击风险。

另一种动态认知模型检测方法[47]用的是抽象的逻辑体系结构,其中公钥、私钥、对称密钥及其它们在密码协议中的作用都有形式上的对应,主体发送和接收消息都引入了虚拟的主体来形式化,以便把单向功能的运算部分形式化为主体和它们的虚拟对等体之间通信的约束。

通过构建模型检测器对密码协议进行安全性检测在今天仍然有着很强的适用性。例如,在对移动通信系统网络的随机接入过程进行分析时,可用模型表示随机访问过程相关的主要功能,包括用户设备、基站和信道[48];用逻辑公式来指定要验证的属性;用模型检测器验证该系统是否存在安全缺陷[49]。模型检测技术在电子商务安全协议的安全研究[50-51]和电子银行支付系统[52-53]中的安全性建模与验证中都有很好的应用。模型检测技术也应用于某些著名网络安全协议的形式化验证[54-56]。

认知逻辑在密码协议的分析中也有所应用[47,57-64]。使用认知逻辑可对协议进行建模[65-66],进而分析匿名广播协议和电子投票协议。由于匿名可作为信息隐藏的一个实例[67-68]应用于电子投票、电子商务、电子邮件等领域,因此成为当今研究的热点之一。概率认知逻辑可用于表示安全协议的性质,主要定理的证明基于概率克里普克结构的精化概念[69]。此外,它也可与其他逻辑结合使用,例如可与时态逻辑结合[70],加入时间参数以表示时间变化,使该逻辑可表达各个主体在不同时间的知识、行为和信念。认知逻辑与时态认知逻辑在认证协议的分析时的逻辑属性对协议分析的影响参见文献[71]。克里普克语义分析应用于网络通信协议[72-73]、多主体知识状态、后续认知状态,以及知识或信念更新模型的转换问题[74]。

在认知逻辑中,还没有文献详述如何用公开宣告逻辑和引进认知变化的行为表示安全协议中的发送行为,文献[65]等虽然给了密码协议中基本要素的动态认知逻辑表达,但是没有给出具体实例。文献[75]提出了一个基于动态认知逻辑的协议验证框架,这个思想可以借鉴,但是该文献没有提到非单调的情况以及加入时态的认知表达方式。

1.3 本书的结构

本书主要讲述密码协议的逻辑分析,即如何采用动态认知逻辑分析和验证具体的密码协议和具有知识非单调性的协议,如何用精确的语法和语义来描述协议,如何用认知行为或行为模型来刻画行为的执行。本书结合寄存器模型来描述协议中知识的变化情况,由于这个描述过程是一个分析过程,因此不再需要复杂的规则与推导,可使整个分析过程简洁、直观。受篇幅所限,本书不可能囊括认知逻辑对密码协议分析的所有情况,只选择了其中有代表性的内容介绍,力争以最小篇幅讲解如何将认知逻辑的知识点应用到密码协议分析中,具有高度代表性。

本书由两部分组成。

第一部分为第1~3章,主要介绍本研究的基础知识。具体如下。

第1章为导论,主要介绍密码协议研究背景与意义。对密码协议的逻辑分析进行了概览。

第2章介绍密码学基础与密码协议相关概念与知识。内容涉及密码学发展历程简介,对称密码体制、公钥密码体制、加密方案与密码协议,密码协议的分类以及常见的几种攻击。

第3章介绍认知逻辑理论,包括命题逻辑、模态逻辑、认知逻辑、动态认知逻辑、时态认知逻辑。

第二部分为第4~7章,主要介绍认知逻辑在密码协议分析中的具体应用。具体如下。

第4章介绍基于认知行为的密码协议分析,通过一个具体的密码协议实例,用认知行为理论分析其安全性。首先,构造了用于描述该实例的动态认知逻辑语言及语法和语义。这个语言由静态公式和动态行为组成。语义是用克里普克模型来描述的,给出了协议运行过程中可能的认知行为。其次,通过认知行为引起主体知识的变化,更新函数说明了主体的知识根据密码学构造规则的变化,详细分析了协议的整个运行过程中各主体的知识变化情况。最后,得出协议的安全性。

第5章介绍基于行为模型的密码协议验证。用行为模型来扩展认知逻辑以构建语言描述并验证具体的密码协议。用行为模型来刻画协议的行为,行为的执行导致模型的变化,更新模型描述了模型的转换。精确地详细地模式化协议的每一步。根据安全要求,给出协议的安全目标,通过分析和证明,这个协议满足预设的目标,这个协议是安全的。

第 6 章介绍基于时态认知逻辑的密码协议验证。认知逻辑结合时态逻辑,形成时态认知逻辑。本章应用时态认知逻辑对著名的 Needham-Schroeder 协议进行分析,主要内容包括建立协议语言、对协议进行形式化描述、建立推导规则,最后对协议的安全属性验进行验证。

第 7 章对具有知识非单调性的密码协议进行了分析。本章基于知识非单调的情况,构建知识非单调的动态认知逻辑语言,描述具有知识非单调性的密码协议。用 forget 行为表示主体对知识的忘记,体现"知道"的非单调性。由于采用寄存器模型表示主体的知识,而认知行为的执行会导致主体知识的变化,所以应用克里普克模型的变化简洁、直观地刻画协议的执行过程中的各个主体知识变化情况。由于该协议的整个执行过程已被完全形式化,以此通过分析,协议的安全性一目了然。

第 2 章

密码与密码协议

当今社会,网络通信日益发达,信息安全受到人们的极大关注。作为信息安全的保障,密码技术的发展尤为重要。信息化的飞速发展促使密码学的发展与应用进入了新时期。目前,密码理论、密码技术、密钥管理与应用等密码学的相关研究已达到了新的层次。随着信息技术应用领域的不断拓展,密码技术作为最基本的保密技术,在数字签名和身份认证中被得到广泛使用。对密码协议的设计与分析已成为信息安全领域的一个重要研究方向。本章主要介绍密码学的基础知识。

2.1 密码学发展史

很久以前,人类就使用暗号来传递秘密信息。在古代,在国与国之间的战争中传递信息时往往采用非常隐蔽的手段,比如事先约定好用某首诗中的某个字代表某种军事信息。这是信息加密的早期方式。最早将基于数学变换的密码技术用于实践的是古罗马的凯撒(Caesar)大帝。在与前线将领通信时,他将信中的字母按顺序推后几位来写。这种替换加密技术称为凯撒密码。

19 世纪,Kerchoffs 在《现代密码学原理》中提到,加密体系的安全性不依赖于加密方法本身,而是依赖于所使用的密钥。当时还没有测试加密体系是否具有抗攻击的能力,密码学也没有成为一门科学。1948 年和 1949 年,香农(Claude Shannon)相继发表了两篇重要论文 *A Mathematical Theory of Communication* 和 *Communication Theory of Secrecy Systems*,首次将密码学作为一门科学,为单钥密码系统建立了理论基础,是密码学发展史上的一次飞跃。

1976 年,Diffie 和 Hellman 在发表的论文 *New Directions in Cryptograph* 中提出了一种允许通信双方在不安全信道上使用的安全协商密钥协议,即著名的 Diffie-Hellman 协议,从此掀起了一场密码学革命,开创了公钥密码学的新纪元。这篇经典的论文也成为密码学的研究和应用由传统走向现代的标志。

自 20 世纪 70 年代以来,密码学的发展非常迅速。

1977 年,美国国家标准局(National Bureau of Standards,NBS)公布了数据加密标准(Data Encryption Standard,DES)。此后,DES 被多个部门和标准化机构采纳,成为实际的标准。

1978 年,R.L.Rivest、A.Shamir 和 L.Adleman 提出了著名的 RSA 公钥密码体制,并因此在 2002 年获得了图灵奖。RSA 公钥密码体制是第一个实用的公钥密码体制,它已成为公钥密码的杰出代表和事实标准。多年以来,虽然 RSA 公钥密码体制经历了风风雨雨,但仍然是目前应用最为广泛的密码体制之一。在此之后,其他学者和研究人员基于另外的数学困难问题提出了大量的公钥密码算法,其中的代表方案有基于大整数分解问题的改进的 RSA 算法和 Rabin 算法、基于有限域上离散对数问题的 ElGamal 算法以及近来受到广泛关注的基于椭圆曲线的密码算法等。

1984 年,Bennett、Charles H、Brassard、Gille 在 Wiesner 的"共轭密码"的思想启发下,首次提出了基于量子理论的 BB84 协议,从此量子密码理论宣告诞生。

1993 年,美国政府宣布了一项新的建议——Clipper 建议,该建议规定使用专门授权制造的,用不公布算法的 Clipper 芯片实施商用加密。

1997 年 4 月 15 日,美国国家标准技术研究所(National Institute of Standards and Technology,NIST)发起征集先进加密标准(Advanced Encryption Standard,AES)的活动,并专门成立了 AES 工作组。2000 年 10 月 2 日,NIST 公布中标算法——Rijndael 算法,并将该算法确认为 AES 算法。

经历了几千年的发展后,密码学已经成为一门公开而活跃的学科。在现代科技飞速发展的今天,信息保密技术日趋进步,密码学也在不断发展中,早期的密码学主要关注保密通信,应用于军事领域或少数重要的组织,而现在密码学已应用到消息认证、认证协议、密钥交换协议、数字签名,甚至有电子选举、电子拍卖、数字货币等很多领域,在网络浏览器和电子邮件程序及手机、银行卡、汽车,甚至医疗植入领域保护消息本身的机密性与传送消息各方的认证性。本章主要参考文献[76-78]。

2.2 对称加密

2.2.1 对称加密概念

当通信双方需要秘密通信时,一方用一种加密(变换)方法对原始消息进行加密,把加密(变换)后的消息传送给另一方。另一方在收到消息后,先解密(变换),才能得到原文。未经加密的原始消息称为明文,明文经过加密后称为密文。用来对原文加密的秘密信息称为密钥。在密码系统中,加密密钥和解密密钥如果是同一个密钥,即加密方和解密方使用共享密钥,称为对称加密,也称为单密钥加密或私钥加密。对称加密的加密和解密是一种互逆运算,加密算法和解密算法使用同一个密钥,图 2.1 所示。这就是它被称为对称的原因。例如,对字符串"abcd"进行加密,若按对字符对应的 ASCII 码加 4 的方式加密,则密文为"efgh"。解密就将密文字符的 ASCII 码减 4 后得到了明文。这就是凯撒密码的原理。这个"4"就是密钥,当然这是最简单不过的对称加密了。

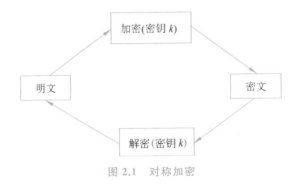

图 2.1　对称加密

速度快是对称加密的一大优点,它常常在大量数据需要加密时使用。在对称加密中,如何安全地把密钥发送给解密者就成为一个必须要事先解决的问题。因此,加密的安全性不仅仅指加密算法的安全性,更重要的是密钥的安全管理。

对称加密方案包含 3 个算法。

密钥生成算法:输入一个安全参数,输出密钥 k。

加密算法:以明文作为输入,输出密文。

解密算法:以密文作为输入,输出明文。

常用的对称加密算法有 DES、3DES、RC2、RC4、RC5、Blowfish、TDEA 等。其中 DES 是最著名的对称密码算法,它是第一代公开的、完全说明实现细节的

商用密码算法。DES 于 1976 年被美国采纳,作为联邦标准,并授权在非密级的
政府通信中使用,继而在国际上广泛流传。

2.2.2 DES 算法

DES 算法是一种对称加密算法。1973 年 5 月 15 日,美国国家标准局
(NBS)[①]为了建立用于计算机系统的商用密码,发布了公开征集标准密码算法
的请求,给出了一系列的算法设计要求,内容如下。

(1) 算法必须提供较高的安全性。

(2) 算法必须公开并完全确定且容易理解。

(3) 算法的安全性必须依赖于密钥,而不依赖于算法本身。

(4) 算法必须对所有的用户有效。

(5) 算法必须能够灵活适用于各种应用场合。

(6) 用以实现算法的电子器件必须具有很好的经济性。

(7) 算法的执行效率高,并能有效使用。

(8) 算法必须能验证其正确性。

(9) 算法的硬件实现必须达到出口要求。

经过两次征集,DES 算法终于在 1977 年被采纳和使用。

DES 是一个迭代分组密码,它使用长度为 56 位的密钥加密长度为 64 位的
明文,获得 64 位长的密文。它的轮函数使用的是 Feistel 结构,迭代的轮数为
16 轮。其加密过程如下。

(1) 给定一个明文 x,通过一个固定的初始置换 IP 作用于 x 得到 x_0,将 x_0
分成两部分,记为 $x_0 = L_0 R_0$,其中 L_0 是 x_0 的前 32 位,R_0 是 x_0 的后 32 位。

(2) 结合密钥,对 L_0 和 R_0 进行 16 轮的迭代运算。每一轮的运算规则如下:

$$L_i = R_{i-1}$$
$$R_i = L_{i-1} \oplus f(R_{i-1}, k_i), \quad 1 \leqslant i \leqslant 16$$

其中 $\oplus$ 表示两个串的按位异或,$f()$ 是一个非线性函数,$k_1, k_2, \cdots, k_{16}$ 均由密钥
k 按照一定的规则生成,长度均为 48 位。一轮加密的过程如图 2.2 所示。

(3) 经过最后一轮迭代后,左右两个 32 位的串并不交换,即得到了串 $R_{16}L_{16}$。
对串 $R_{16}L_{16}$ 应用初始置换 IP 的逆变换 IP^{-1},获得密文 c。

要了解 DES 的具体加密过程,就必须了解 DES 的几个组件。

① 初始置换 IP 及其逆变换 IP^{-1}。初始置换 IP 的作用是将一个 64 位的消

---

① 现在的美国国家标准与技术研究所。

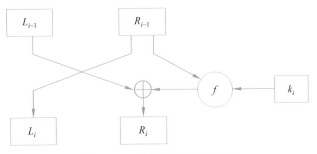

图 2.2　一轮 DES 加密的过程

息中的各个位进行换位。设 $x = x_1 x_2 \cdots x_{64}$，则函数 $\mathrm{IP}(x) = x_{58} x_{50} \cdots x_7$，即 $\mathrm{IP}(x)$ 中的第 1 位为 x 中的第 58 位，$\mathrm{IP}(x)$ 中的第 2 位为 x 中的第 50 位，以此类推，$\mathrm{IP}(x)$ 中的第 64 位为 x 中的第 7 位，具体如图 2.3 所示。

IP							
58	50	42	34	26	18	10	2
60	52	44	36	28	20	12	4
62	54	46	38	30	22	14	6
64	56	48	40	32	24	16	8
57	49	41	33	25	17	9	1
59	51	43	35	27	19	11	3
61	53	45	37	29	21	13	5
63	55	47	39	31	23	15	7

图 2.3　DES 的初始置换 IP

IP^{-1} 为初始置换 IP 的逆变换，具体如图 2.4 所示。

IP^{-1}							
40	8	48	16	56	24	64	32
39	7	47	15	55	23	63	31
38	6	46	14	54	22	62	30
37	5	45	13	53	21	61	29
36	4	44	12	52	20	60	28
35	3	43	11	51	19	59	27
34	2	42	10	50	18	58	26
33	1	41	9	49	17	57	25

图 2.4　DES 的初始置换 IP 的逆变换

② 扩展变换 E。用扩展函数 E 将 32 位的消息扩充为位的消息,具体如图 2.5 所示。

③ 置换 P。用置换函数 $P()$ 将 32 位的消息按图 2.6 进行重新排列。

扩展函数$E()$					
32	1	2	3	4	5
4	5	6	7	8	9
8	9	10	11	12	13
12	13	14	15	16	17
16	17	18	19	20	21
20	21	22	23	24	25
24	25	26	27	28	29
28	29	30	31	32	1

图 2.5 扩展变换 E

置换函数$P()$			
16	7	20	21
29	12	28	17
1	15	23	26
5	18	31	10
2	8	24	14
32	27	3	9
19	13	30	6
22	11	4	25

图 2.6 置换 P

8 个 S 盒 $S_1, S_2, \cdots, S_8$。每个 S 盒 S_j 都是将 6 位的消息映射为一个 4 位的消息。设一个 S 盒 S_j 的输入为 6 位的串 $x = x_1 x_2 x_3 x_4 x_5 x_6$,将 $x_1 x_6$ 和 $x_2 x_3 x_4 x_5$ 作为二进制数。设 $x_1 x_6$ 和 $x_2 x_3 x_4 x_5$ 对应的十进制数分别为 l 和 c,则 S_j 中第 l 行、第 c 列的整数的二进制表示就是 S_j 的输出,如图 2.7 所示。

扩展变换 E、置换 P 和 8 个 S 盒都适用于非线性函数 $f()$。函数 $f()$ 的输入为变量 R_{i-1} 和 k_i,其中 R_{i-1} 是一个长为 32 位的串,k_i 是一个长为 48 位的串,如图 2.8 所示。

$f()$ 的计算过程如下。

(1) 利用扩展变换 E 将 R_{i-1} 扩展成一个 48 位的串,然后计算 $E(R_{i-1}) \oplus k_i$,将所得的结果分成 8 个 6 位的串,记为 $A = A_1 A_2 A_3 A_4 A_5 A_6 A_7 A_8$。

(2) 将 $A_1, A_2, \cdots, A_8$ 分别作为 8 个 S 盒的输入,查表得到输出 $C_i = S_i(A_i), 1 \leqslant i \leqslant 8$。

(3) 用置换函数 $P(x)$ 处理长度为 32 位的串 $C = C_1 C_2 C_3 C_4 C_5 C_6 C_7 C_8$,将得到的结果作为函数 $f()$ 的输出,即 $R_i = f(L_{i-1}, k_i) = P(C)$。

每一轮中的函数 $f()$ 的另一个输入 k_i 都是由初始密钥 k 经过迭代运算而得到的 48 位的串。k 是一个 64 位的串,但实际上它的有效位只有 56 位,它的第 8,第 16,$\cdots$,第 64 位这 8 位为校验位,用于进行奇偶校验。这 8 位的定义如下:若其前面 7 位中有奇数个 1,则该位为 0,反之为 1。在密钥方案中,不考虑校验位。具体的密钥方案如图 2.9 所示。

	0	1	2	3	4	5	6	7	8	9	10	11	12	13	14	15	
0	14	4	13	1	2	15	11	8	3	10	6	12	5	9	0	7	
1	0	15	7	4	14	2	13	1	10	6	12	11	9	5	3	8	S_1
2	4	1	14	8	13	6	2	11	15	12	9	7	3	10	5	0	
3	15	12	8	2	4	9	1	7	5	11	3	14	10	0	6	13	
0	15	1	8	14	6	11	3	4	9	7	2	13	12	0	5	10	
1	3	13	4	7	15	2	8	14	12	0	1	10	6	9	11	5	S_2
2	0	14	7	11	10	4	13	1	5	8	12	6	9	3	2	15	
3	13	8	10	1	3	15	4	2	11	6	7	12	0	5	14	9	
0	10	0	9	14	6	3	15	5	1	13	12	7	11	4	2	8	
1	13	7	0	9	3	4	6	10	2	8	5	14	12	11	15	1	S_3
2	13	6	4	9	8	15	3	0	11	1	2	12	5	10	14	7	
3	1	10	13	0	6	9	8	7	4	15	14	3	11	5	2	12	
0	7	13	14	3	0	6	9	10	1	2	8	5	11	12	4	15	
1	13	8	11	5	6	15	0	3	4	7	2	12	1	10	14	9	S_4
2	10	6	9	0	12	11	7	13	15	1	3	14	5	2	8	4	
3	3	15	0	6	10	1	13	8	9	4	5	11	12	7	2	14	
0	2	12	4	1	7	10	11	6	8	5	3	15	13	0	14	9	
1	14	11	2	12	4	7	13	1	5	0	15	10	3	9	8	6	S_5
2	4	2	1	11	10	13	7	8	15	9	12	5	6	3	0	14	
3	11	8	12	7	1	14	2	13	6	15	0	9	10	4	5	3	
0	12	1	10	15	9	2	6	8	0	13	3	4	14	7	5	11	
1	10	15	4	2	7	12	9	5	6	1	13	14	0	11	3	8	S_6
2	9	14	15	5	2	8	12	3	7	0	4	10	1	13	11	6	
3	4	3	2	12	9	5	15	10	11	14	1	7	6	0	8	13	
0	4	11	2	14	15	0	8	13	3	12	9	7	5	10	6	1	
1	13	0	11	7	4	9	1	10	14	3	5	12	2	15	8	6	S_7
2	1	4	11	13	12	3	7	14	10	15	6	8	0	5	9	2	
3	6	11	13	8	1	4	10	7	9	5	0	15	14	2	3	12	
0	13	2	8	4	6	15	11	1	10	9	3	14	5	0	12	7	
1	1	15	13	8	10	3	7	4	12	5	6	11	0	14	9	2	S_8
2	7	11	4	1	9	12	14	2	0	6	10	13	15	3	5	8	
3	2	1	14	7	4	10	8	13	15	12	9	0	3	5	6	11	

图 2.7　DES 的 S 盒

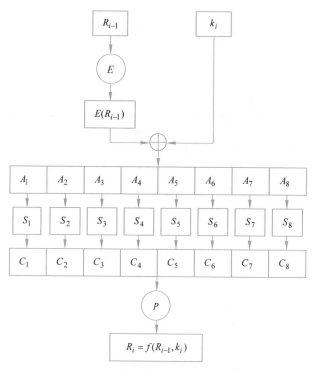

图 2.8　DES 算法每一轮所用的函数 $f()$

密钥方案的计算过程如下。

（1）给定一个包含 8 位奇偶校验位的 64 位初始密钥 k,利用一个固定的置换 PC-1 对剩余的 56 位进行置换,并将置换后的 56 位的串分成两个 28 位的串,记为 PC-1(k)＝$C_0 D_0$,其中 C_0 为前 28 位,D_0 为后 28 位。

（2）对每一个 i,$1 \leqslant i \leqslant 16$,计算

$$C_i = \mathrm{LS}_i(C_{i-1})$$
$$D_i = \mathrm{LS}_i(D_{i-1})$$
$$k_i = \mathrm{PC}\text{-}2(C_i D_i)$$

其中,LS_i 表示作循环移位,当 $i=1,2,9,16$ 时,左循环移 1 位;当 $i=3,4,5,6,7,8,10,11,12,13,14,15$ 时,左循环移 2 位。PC-2 是一个压缩置换,它将一个 56 位的串压缩置换成一个 48 位的串。

置换 PC-1 和置换 PC-2 如图 2.10 所示。

DES 的解密采用同一算法实现,把密文 c 作为输入,逆序使用密钥方案,即

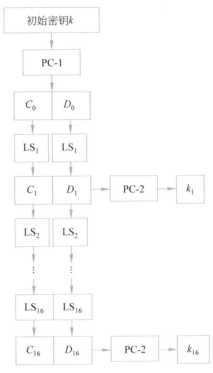

图 2.9   DES 的密钥方案

以 $k_{16}, k_{15}, \cdots, k_1$ 的顺序使用密钥方案,输出的将是明文 x。

PC-1						
57	49	41	33	25	17	9
1	58	50	42	34	26	18
10	2	59	51	43	35	27
19	11	3	60	52	44	36
63	55	47	39	31	23	15
7	62	54	46	38	30	22
14	6	61	53	45	37	29
21	13	5	28	20	12	4

PC-2					
14	17	11	24	1	5
3	28	15	6	21	10
23	19	12	4	26	8
16	7	27	20	13	2
41	52	31	37	47	55
30	40	51	45	33	48
44	49	39	56	34	53
46	42	50	36	29	32

图 2.10   DES 中的置换 PC-1 和置换 PC-2

2.2.3　DES 的安全性

DES 算法正式公开发表以后,引起了广泛的关注。在对 DES 安全性的批评意见中,较为一致的看法是 DES 的密钥太短,其密钥长度为 56 位,密钥量为 2^{56} 个,不能抵抗穷举搜索密钥攻击,事实证明确实如此。

1977 年,Diffie 和 Hellman 提出了制造一个每秒能测试 106 个密钥的大规模芯片,安装这种芯片的机器大约一天就可以搜索 DES 算法的整个密钥空间,制造这样的机器需要 2000 万美元。

1993 年,R. Session 和 M. Wiener 提出了一个非常详细的密钥搜索机器设计方案,它基于并行密钥搜索芯片,此芯片每秒可测试 5×107 个密钥,这种芯片在当时的价格是 10.5 美元。5760 个这样的芯片组成的系统需要 10 万美元,这一系统平均 1.5 天即可找到密钥,如果利用 10 个这样的系统,费用是 100 万美元,但搜索时间可以降到 3.5 小时。可见这种机制是不安全的。

DES 的 56 位短密钥面临的另外一个严峻而现实的问题是,Internet 的超级计算能力。1997 年 1 月 28 日,美国的 RSA 数据安全公司在互联网上开展了一项名为“密钥挑战”的竞赛,悬赏 1 万美元,破解一段用 56 位密钥加密的 DES 密文。一位名叫 RockeVerser 的程序员设计了一个可以通过互联网分段运行的密钥穷举搜索程序,组织实施了一个称为 DESHALL 的搜索行动,Internet 上数万名志愿者加入到计划中。在计划实施的第 96 天,即挑战赛计划公布的第 140 天,1997 年 6 月 17 日晚上 10 时 39 分,美国盐湖城 Inetz 公司的职员 Michael Sanders 成功地找到了密钥,在计算机上显示了明文“The unknown message is：Strong cryptography makes the world a safer place”。这一事件表明,依靠 Internet 的分布式计算能力,用穷举搜索方法可破译 DES。这件事使人们认识到,随着计算能力的增强,必须相应地增加算法的密钥长度。

1998 年 7 月,电子前沿基金会(EFF)使用一台 25 万美元的计算机用 56 小时破译了使用 56 位密钥的 DES。1999 年 1 月,在 RSA 数据安全会议期间,电子前沿基金会用 22 小时 15 分就宣告破解了一个 DES 的密钥。

除了上述穷举搜索攻击外,攻击 DES 的主要方法还有差分攻击、线性攻击和相关密钥攻击等。在这些攻击当中,线性攻击方法是最有效的一种。

尽管有这样那样的不足,但是作为第一个公开密码算法的密码体制,DES 成功地完成了使命,在密码学发展历史上具有重要的地位。

其他几种对称加密算法在此不再赘述。

对称加密的几大优势是加密效率高、速度快、计算量小、算法公开。

对称加密的最大缺点是密文传送前收发双方必须已经知道密钥,双方必须管理好密钥,使之不被泄露,所以密钥的管理与分配是一个问题。任何一方泄露密钥,加密信息就不安全了。在密钥发送的过程中,极大的风险是密钥被黑客拦截。现实生活中,为了密钥的安全性,常常用非对称加密的方法对对称加密的密钥进行加密后再分发给用户。

2.3 非对称加密

密钥的分发与管理问题是对称密码系统中的一个棘手的问题。为解决这一问题,Diffie 和 Hellman 在 1976 年提出了公钥加密(即非对称加密)的概念。虽然他们当时没有提出一个完整的密码系统,但是他们的工作以及著名的 Diffie-Hellman 协议(在不安全的信道上通信双方安全地协商密钥的协议)引起密码学界的关注。

20 世纪 70 年代末,Rivest、Shamir 和 Adleman 提出了首个公钥密码体制——RSA。几十年来,尽管后来的学者提出了很多方案与相应算法,例如基于 RSA 的改进以及 Rabin 算法、在离散对数问题上的 ElGamal 算法、椭圆曲线的密码算法等,但 RSA 一直是最为广泛应用的密码体制。

2.3.1 公钥加密概念

公钥加密又称非对称加密,它包含一个密钥对:公钥(public key)和私钥(private key)。一般情况下,加密用公钥,解密用私钥。加密密钥公钥是公开的,解密密钥私钥是保密的。公钥和私钥是两个独立的密钥,分开的好处是使得在密钥分配、通信认证、消息的保密性方面有着巨大的进步。公钥加密体制的诞生是密码学发展史上的一次最伟大的进步。

私钥加密常采用替换和置换等方法,而公钥密码体制采用的是数学函数。这个公私钥对常常是基于一个数学难题来构造的,也就是说知道公钥破解不出私钥,公钥是公开的,通信双方在通信前无须事先交换密钥,这就使公钥加密克服了私钥加密需要事先传送共享密钥的缺点。非对称加解密过程如图 2.11 所示。需要发送消息的一方用公钥加密信息后发送给另一方;另一方在收到信息后,再用私钥解密从而得到信息。需要消息认证主体时,一方可以用私钥对信息签名后再发送给另一方,另一方再用公钥进行验证。所以,公钥密码体制解决了私钥密码体制中最困难的两个问题:密钥分配和数字签名。

虽然对称加密算法比非对称加密算法速度快得多,但是在安全性方面,非

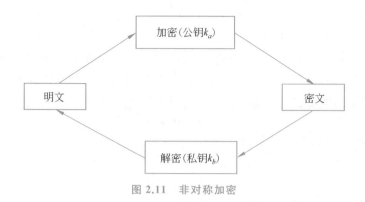

图 2.11 非对称加密

对称加密算法的优势是非常明显的。例如,银行向社会公开公钥,任何人都可以使用公钥对信息加密,只有银行才能对信息解密。这个过程中不需要将私钥先发送出去,所以安全性大大提高。在这种情况下,加密的安全性比起加密速度来说要重要得多。

非对称加密方案包含 3 个算法:密钥生成算法、加密算法和解密算法。

(1) 密钥生成算法:输入一个安全参数,输出公私钥对。

(2) 加密算法输入的是明文,输出的是密文。

(3) 解密算法输入的是密文,输出的是明文。

非对称加密的主要算法有 RSA、ElGamal、ECC(椭圆曲线加密算法)、Rabin、背包算法。最为常用的是 RSA 算法和 ElGamal 算法。

2.3.2 RSA 公钥密码

RSA 是目前使用最广泛的公钥密码体制之一,它是由 Rivest、Shamir 和 Adleman 于 1977 年提出,1978 年发表的。虽然 RSA 算法的安全性基于 RSA 问题和大整数因子分解的困难性,但是 RSA 问题不会比因子分解问题更加困难,也就是说,在没有解决因子分解问题的情况下有可能解决 RSA 问题,因此 RSA 算法并不是完全基于大整数因子分解的困难性的。

1. RSA 算法的描述

RSA 算法描述如下。

(1) 密钥生成。

① 选取两个保密的大素数 p 和 q。

② 计算 $n = pq$,$\phi(n) = (p-1)(q-1)$,其中 $\phi(n)$ 是 n 的欧拉函数值。

③ 随机选取整数 e,$1 < e < \phi(n)$,满足 $\gcd(e, \phi(n)) = 1$。

④ 计算 d，满足 $de \equiv 1 \bmod \phi(n)$。

⑤ 公钥为 (e,n)，私钥为 d。

（2）加密。首先对明文进行位串分组，使得每个分组对应的十进制数小于 n，然后依次对每个分组 m 做一次加密，所有分组的密文构成的序列即是原始消息的加密结果。即 m 满足 $0 \leqslant m < n$，则加密算法为

$$c = m^e \bmod n$$

其中，c 为密文，且 $0 \leqslant c < n$。

（3）解密。对于密文 $0 \leqslant c < n$，解密算法为

$$m = c^d \bmod n$$

下面证明上述的解密过程是正确的。

因为 $de \equiv 1 \bmod \phi(n)$，所以存在整数 r，使得

$$de = 1 + r\phi(n)$$

于是有

$$c^d \bmod n \equiv m^{ed} \bmod n \equiv m^{1+r\phi(n)} \bmod n$$

当 $\gcd(m,n) = 1$，由欧拉定理可知

$$m^{\phi(n)} \equiv 1 \bmod n$$

于是有

$$m^{1+r\phi(n)} \bmod n \equiv m(m^{\phi(n)})^r \bmod n \equiv m(1)^r \bmod n \equiv m \bmod n$$

当 $\gcd(m,n) \neq 1$ 时，因为 $n = pq$ 并且 p 和 q 都是素数，所以 $\gcd(m,n)$ 一定为 p 或者 q。不妨设 $\gcd(m,n) = p$，则 m 一定是 p 的倍数，设 $m = xp$，$1 \leqslant x < q$。由欧拉定理可知

$$m^{\phi(q)} \equiv 1 \bmod q$$

又因为 $\phi(q) = q - 1$，于是有

$$m^{q-1} \equiv 1 \bmod q$$

所有

$$(m^{q-1})^{r(p-1)} \equiv 1 \bmod q$$

即

$$m^{r\phi(n)} \equiv 1 \bmod q$$

于是存在整数 b，使得

$$m^{r\phi(n)} = 1 + bq$$

对上式两边同乘 m，得到

$$m^{1+r\phi(n)} = m + mbq$$

又因为 $m = xp$，所有

$$m^{1+r\phi(n)} = m + xpbq = m + xbn$$

对上式取模 n，得

$$m^{1+r\phi(n)} \equiv m \bmod n$$

综上所述，对任意 $0 \leqslant m < n$，都有

$$c^d \bmod n \equiv m^{ed} \bmod n \equiv m \bmod n$$

例 2.1 假设甲和乙想采用 RSA 算法进行保密通信。甲选取两个素数 $p=11, q=23$，则

$$n = pq = 11 \times 23 = 253$$

$$\phi(n) = (p-1)(q-1) = 10 \times 22 = 220$$

甲选取一个公钥 $e=139$，显然，$\gcd(139, 220)=1$，计算 $d \equiv e^{-1} \bmod 220 \equiv 19 \bmod 220$。则公钥为 $(e,n)=(139,220)$，私钥为 $d=19$。甲只需告诉乙他的公钥 $(e,n)=(139,220)$。假设乙想发送一个消息"Hi"给甲。在 ASCII 码中，这个消息可以表示为 0100100001101001。将此比特串分成两组，对应的十进制数为 72105，即明文 $m=(m_1, m_2)=(72, 105)$。乙利用甲的公钥加密这两个数：

$$c_1 = 72^{139} \bmod 253 = 2$$

$$c_2 = 105^{139} \bmod 253 = 101$$

密文 $c=(c_1, c_2)=(2, 101)$。甲在收到密文 c 时，利用自己的私钥恢复明文：

$$m_1 = 2^{19} \bmod 253 = 72$$

$$m_2 = 101^{19} \bmod 253 = 105$$

将这两个数转换成二进制数并从 ASCII 码翻译成字符时，甲就可以得到实际的消息"Hi"。

2. RSA 算法的安全性

RSA 算法的安全性是基于 RSA 问题困难性的，RSA 问题也许比因子分解问题要容易些，但目前还不能确切回答 RSA 问题究竟比因子分解问题容易多少。

对 RSA 算法的攻击方法有数学攻击、穷举攻击、计时攻击和选择密文攻击。

(1) 数学攻击。用数学方法攻击 RSA 的途径有以下 3 种。

① 分解 n 为两个素因子。这样就可以计算 $\phi(n)=(p-1)(q-1)$，从而计算出私钥 $d=e^{-1} \bmod \phi(n)$。

② 直接确定 $\phi(n)$ 而不先确定 p 和 q。这同样可以确定 $d=e^{-1} \bmod \phi(n)$。

③ 直接确定 d 而不先确定 $\phi(n)$。

对 RSA 的密码分析主要集中于第一种攻击方法,即将 n 分解为两个素因子。给定 n,确定 $\phi(n)$ 等价于分解模数 n。从公钥 (e,n) 直接确定 d 不会比分解 n 更容易。

虽然大整数的素因子分解是十分困难的,但是随着计算能力的不断增强和因子分解算法的不断改进,人们对大整数的素因子分解的能力在不断提高。如 RSA-129(即 n 为 129 位十进制数,约 428 位二进制数)已在网络上通过分布式计算历时 8 个月于 1994 年 4 月被成功分解,RSA-130 已于 1996 年 4 月被成功分解,RSA-160 已于 2003 年 4 月被成功分解。在分解算法方面,对 RSA-129 采用的是二次筛法,对 RSA-130 采用的则是推广的数域筛法,该算法能分解比 RSA-129 更大的数,且计算代价仅是二次筛法的 20%,对 RSA-160 采用的则是格筛法。将来可能还有更好的分解算法,因此在使用 RSA 算法时应采用足够大的大整数 n。目前,n 的长度在 1024～2048 位是比较合理的。

除了选取足够大的大整数外,为避免选取容易分解的整数 n,RSA 的发明人建议 p 和 q 还应满足下列限制条件。

① p 和 q 的长度应该相差仅几位。

② $p-1$ 和 $q-1$ 都应有一个大的素因子。

③ $\gcd(p-1,q-1)$ 应该较少。

④ $e<n$ 且 $d<n^{1/4}$,则 d 很容易被确定。

(2)穷举攻击。与其他密码体制一样,RSA 抗穷举攻击的方法也是使用大的密钥空间,这样看来是 e 和 d 的位数越大越好。但是由于在密钥生成和加密/解密过程都包含了复杂的计算,故密钥越大,系统运行速度越慢。

(3)计时攻击。计时攻击是通过记录计算机解密消息所用的时间来确定私钥。这种攻击不仅可以用于攻击 RSA,还可以用于攻击其他的公钥密码系统。

(4)选择密文攻击。RSA 易受选择密文攻击(chosen ciphertext attack)。

2.3.3　ElGamal 公钥密码

ElGamal 公钥密码体制是由 T. ElGamal(塔希尔·盖莫尔)于 1985 年提出的。该体制是一种基于离散对数问题的公钥密码体制,既可以用于加密,又可以用于数字签名。

1.算法描述

(1)密钥生成。

① 选取大素数 p,且要求 $p-1$ 有大素数因子。$g\in Z_p^*$ 是一个本原元。

② 随机选取整数 x,$1\leqslant x\leqslant p-2$,计算 $y=g^x\bmod p$。

③ 公钥为 y，私钥为 x。

p 和 g 是公共参数，被所有用户所共享，这一点与 RSA 算法不同。另外，在 RSA 算法中，每个用户都需要生成两个大素数来建立自己的密钥对（这是很费时的工作），而 ElGamal 算法只需要生成一个随机数和执行一次模指数运算就可以建立密钥对。

（2）加密。对于明文 $m \in Z_p^*$，首先随机选取一个整数 k，$1 \leqslant k \leqslant p-2$，然后计算

$$c_1 = g^k \bmod p, \quad c_2 = my^k \bmod p$$

则密文 $c = (c_1, c_2)$。

（3）解密。为了解密一个密文 $c = (c_1, c_2)$，计算

$$m = \frac{c_2}{c_1^x} \bmod p$$

值得注意的是，ElGamal 算法体制是非确定性加密，又称为随机化加密（randomized encryption），它的密文依赖于明文 m 和所选的随机数 k，相同的明文加密两次得到的密文是不相同的，这样做的代价是使数据扩展了一倍。

下面证明上述的解密过程是正确的。

因为 $y = g^x \bmod p$，所以

$$m = \frac{c_2}{c_1^x} = \frac{my^k}{g^{xk}} = \frac{mg^{xk}}{g^{xk}} \bmod p$$

例 2.2　设 $p = 809, g = 3, x = 68$，计算 $y = 3^{68} \bmod 809 = 65$。则公钥为 $y = 65$，私钥为 $x = 68$。若明文 $m = 100$，随机选取整数 $k = 89$，计算

$$c_1 = 3^{89} \bmod 809 = 345, c_2 = 100 \times 65^{89} \bmod 809 = 517$$

密文 $c = (c_1, c_2) = (345, 517)$。解密为

$$m = \frac{517}{345^{68}} \bmod 809 = 100$$

2. ElGamal 算法的安全性

在 ElGamal 公钥密码体制中，$y = g^x \bmod p$。从公开参数 g 和 y 求解私钥 x 需要求解离散对数问题。目前还没有找到一个有效算法来求解有限域上的离散对数问题。因此，ElGamal 公钥密码体制的安全性是基于有限域 Z_p 上离散对数问题的困难性。为了抵抗已知的攻击，p 应该选取至少 160 位以上的十进制数，并且 $p-1$ 至少应该有一个大的素因子。

2.4 加密方案与密码协议

信息安全最核心、最重要的技术是密码技术,最关键的理论是密码学。密码学是一门研究如何隐秘地传递信息的学科。当通信双方需要秘密通信时,这个保密通信的方案通常称为加密方案。加密方案常常由 3 个算法构成 $(\mathcal{G}, \mathcal{E}, \mathcal{D})$,其中 $\mathcal{G}$ 生成密钥,$\mathcal{E}$ 是加密算法,$\mathcal{D}$ 是解密算法。如果一个消息为 m,$\mathcal{E}_k(m)$ 表示用密钥 k 对明文 m 进行加密。$\mathcal{D}_k(m)$ 表示用密钥 k 对密文进行解密。加密方案中的算法是不需要保密的,这个方案的安全性就取决于密钥的安全性。因此密钥 k 的保密性就决定了这个加密方案的安全性,所以通常加密算法是公开的,这样便于发现算法的缺陷。与算法比起来,密钥因为短小而更容易实现保密,密钥一旦泄露就更换一个新的密钥,而算法是不容易更换的。敌手对加密方案的攻击总结起来有以下几种:唯密文攻击、已知明文攻击、选择明文攻击、选择密文攻击。

(1)唯密文攻击。这种攻击是一种最基本的攻击类型,敌手一般都可以得到密文,并根据密文尝试确定相应的明文。

(2)已知明文攻击。敌手知道同一密钥下的一个或多个明密文对,根据这些,敌手从得到的其他密文去确定与之相应的明文。

(3)选择明文攻击。在这个攻击中,敌手可以选择任意的明文去加密,以此来确定他得到的其他密文相应的明文。

(4)选择密文攻击。这种攻击是敌手有能力获得他选择的密文的解密,以此来确定他得到的其他密文相应的明文(一般情况下,敌手是不能直接获得解密后的明文的)。

唯密文攻击和已知明文攻击属于被动攻击,只要攻击方得到了密文(或者一些相应的明文),就可以进行攻击。唯密文攻击是最容易发生的,敌手只需要窃听到公共通信信道上或不安全的通信线路上的密文就可以实现攻击。

选择明文攻击和选择密文攻击属于主动攻击,攻击方可以为选择的明文或密文自适应地询问加密器和解密器,通过明文攻击获得明文—密文对。由于所有的加密消息并不是机密的,所以这种情况非常可能发生。例如,通信双方在通信开始时总是加密"hello";又如,季度收益结果加密使得在发布前对其保密。在这种情况下,结果发布后,窃听或获得密文的任何人都将会获得相应的明文。因此任何加密方案都必须保留安全性,以防止已知明文攻击。

协议是一个比较广的概念,从广义上讲就是一个契约。网络协议是在网络通信中,通信各方都要遵守的各项规定。这些规则是事先制定好的,例如怎样进行相互连接、怎样辨认对方等。只有通信各方都遵照执行这些规则,计算机之间才能相互进行网络通信。密码协议(又称安全协议)是加入了密码技术的通信协议。在现代密码学中加解密算法和密码协议是两个同等重要的研究课题。协议规定通信双方在整个通信过程中的步骤和所有的行为,比如每一步加密哪些数据,发送哪些数据等。密码协议的特点。

(1)协议中的通信各方都在事先通晓这个协议,并且协议中规定的所有操作都是各方都知道的。

(2)协议中的各方都必须按协议规定执行。

(3)协议中每个操作、每个步骤都有确切的含义,不能含混不清、模棱两可,让人不知所从。

除了有以上特点外,所有的密码协议还必须满足一定的安全需求,满足安全需求的性质称为安全属性。密码协议中常见的一些安全属性如下。

(1)完整性。完整性检查是为了能够识别出网络传输的信息是否被改动过。消息认证码就是为了识别篡改而使用的,通常将加密与哈希函数的组合使用来达成。

(2)认证性。认证性分为两种,一种是消息源的认证,另一种是主体身份认证。前者用于保证消息来源的真实性,后者用于保证主体身份不被冒充。可使用完整性类似的办法来达成。通常地,满足认证性就满足完整性。反之不成立。例如,主体 a 欲收到 b 发来的消息,而 c 冒充 b 给 a 发了消息,消息通过完整性验证,但无法保证认证性。

(3)保密性。保密性用以保护信息不被泄露给非授权主体。通常用加密机制来实现。只有拥有解密密钥的主体才能把加密数据恢复到明文,从而得到秘密消息。

(4)不可否认性。不可否认性用来防止主体对自己所做过的行为的否认。这一性质通常用数字签名来实现。

(5)公平性。协议的公平性是指协议中的各参与方在协议中处于同等地位,谁也不比谁更具有优势,而且在协议的每一步中都是如此,这样就保证了协议即使在任何一步终止,任何一方都不处于不利地位。满足公平性在电子商务中有着重要的意义。通常情况下,满足公平性就满足了不可否认性,常常使用加密、签名、公证等来满足这一属性。

(6)匿名性。匿名性用来保证主体的身份不被泄露。常常采用群数字签名或盲数字签名来达成。匿名性在竞标协议和电子投票协议中有着重要意义。

根据不同的应用场景和不同的安全需求,密码协议一般分为认证协议、密钥建立协议、保密协议、公平交换协议以及电子投票协议等。这些协议的目标分别是认证性、保密性、公平性。各参与方要建立临时会话密钥就要使用密钥建立协议,用于在随后的通信中作为加密密钥使用。电子投票协议以匿名性为主要目标。

2.5 密码协议的分类

密码协议的使用使得网络通信安全性进入了一个新的阶段。自 1978 年 Needlam 和 Schroede 提出 NS 认证协议之后,出现了许多应用于各行各业的密码协议,根据功能可以分为以下 5 类。

(1) 认证协议。参与各方能够确信通信对方身份的一种协议。认证协议中包括主体身份认证协议(防止假冒身份)、消息认证协议(防止消息篡改)、数据源认证数据目的认证协议(防止否认)等。

(2) 密钥交换协议。协议参与方之间需要建立共享密钥,尤其是采用对称密钥时,交换的秘密作为随后的通信密钥。协议可以采用对称密码体制也可以采用非对称密码体制。

(3) 认证及密钥交换协议。为身份已经被确认的参与方建立一个共享秘密。这类协议是认证和密钥交换协议的结合,先对通信各方进行身份认证,认证通过后,再分配后继通话密钥。这类协议是保证通信安全最为普遍的密码协议。

(4) 电子商务协议。在商务活动中,为保证交易双方利益,达成双方目标而建立的协议。电子商务协议主要体现公平性与不可否认性。

(5) 电子投票协议。在网上投票过程中,为投票人的身份信息进行保密的协议,竞标协议等与其类似,都要对参与者的身份信息进行保密。这类协议主要体现匿名性。

2.6 对密码协议常见的几种攻击

在网络通信中,难以保障的是信息安全。在现实世界中,人们可以选择一个安全的地点实现面对面地交流或者交易;而在虚拟世界中,人们只能依靠信息的传递来实现交流和交易,因此存在网络攻击的风险。密码协议面临的几种常见的攻击如下。

（1）窃听。窃听是指攻击者获取了协议中传输的消息，不管收发双方是否知情。它不影响协议的正常通信。窃听是一种最为基本的攻击，它只影响消息的保密性，而不影响协议的正常通信。这是被动攻击。常常用加密的方式来防止窃听。这样攻击者得到的只是密文。

（2）篡改。篡改是指攻击者对协议中传输的消息的改变。完整性机制就是用来检查消息是否被篡改了。

（3）重放攻击。重放攻击是指攻击者已经得到了协议中的消息，然后再将消息不加任何改动地发送给某个或多个协议主体。这个行为是在先前那个消息发送后进行的。这个攻击的特征是用旧的消息冒充协议中的消息。因此在重放攻击时人们常常用消息的新鲜性来解决。为了保证消息的新鲜性，通常在协议中加入时间戳、一次性随机数（nonce）或计数器这 3 种类型的值。

（4）反射攻击。反射攻击就是攻击者把他获得的消息又返回给原主体。这实际上是重放攻击的特例。

（5）中间人攻击。中间人攻击是指攻击者在两个合法主体之间扮演中间人的角色，影响合法主体的通信，使其对通信过程产生错误的判断从而敌手达到自己的目的。通常采用认证机制来防止这一攻击。

（6）应答器攻击。在这类攻击中，攻击者将某个合法主体当作应答器，向应答器做询问从而获得所需信息，又将这信息用于攻击该协议或另一个协议。

（7）类型攻击。类型攻击是指攻击者将协议中的消息中的某一类型的字段用其他类型来替换。在网络通信中，一个消息实际上是一个二进制位串，接收者首先要对其正确的解释。类型攻击就是利用了这一特点，误导接收者将一种类型的消息解释为另一种类型的消息，从而达到攻击的目的。为了防止这种攻击，在每个消息中加入一个认证的消息编号，或者对每个消息字段附加一个类型字段等。

（8）代数攻击。代数攻击是指攻击者利用协议中密码运算所采用的交换律、结合律、分配律等代数性质对协议进行攻击。要防止这些攻击就要在协议的建模中考虑这些代数性质。代数攻击中攻击者通过分析加解密数据的特征建立数学方程来求解以破译密码，攻击者根据获得的数据不同采用不同的攻击方法。

以上只是一些常见攻击，这里不可能穷举所有的攻击类型。实际网络中可能出现新的防不胜防的攻击。随着协议安全性的不断加强，协议的攻击方式也在不断发展，所以协议的安全性分析与验证显得尤为重要。

2.7 本章小结

本章介绍了密码学的基础知识。为了保证信息安全,尤其是在网络中的信息传输中,信息的保密尤为重要,而加密是一种普遍且重要的信息保密方式。典型的加密方案由 3 个算法构成 $(\mathcal{G}, \mathcal{E}, \mathcal{D})$,其中 $\mathcal{G}$ 生成密钥算法,$\mathcal{E}$ 是加密算法,$\mathcal{D}$ 是解密算法。如今这些加密方案已经非常成熟,最为棘手的是密码协议的设计,通信信息安全与否与协议的设计息息相关,所以我们要对协议进行分析和验证,以避免由设计缺陷带来的损失。本章还介绍了后面涉及的对称加密和非对称加密,是两种不同的加密方式,各有利弊,应根据应用环境来选择使用。另外还介绍了对密码协议分类以及常见的几种攻击方式,以及主要的应对措施。

第 3 章

认知逻辑理论

逻辑学是研究思维形式及其规律的科学,包括传统逻辑、辩证逻辑、数理逻辑等[79]。逻辑学能为其他学科提供逻辑分析、逻辑推理、逻辑论证、逻辑批判等工具,因此是一门工具性学科。学习逻辑学,就是要掌握思维的形式结构及其规律,并能熟练运用逻辑的符号对思维推理或论证过程用形式化方法表示和分析[80-81]。正如欧洲近代哲学的奠基人之一笛卡儿的思想所述,各门具体学科研究的是其相关的具体内容,而逻辑学是研究思维本身的形式法则。因此,逻辑学是一种客观性和普遍性的思想,无论以什么为研究对象,都可以抽象出它的思维形式。形式逻辑对思维的研究是从形式结构着手的,对思维内容它并不研究的,或者说它是透过形式来表现内容的[82];而计算机模拟人的思维形式就是从人的思维的逻辑形式入手的,例如人工智能的显著特征之一就是逻辑推理。智能系统中主体知识库的表达、推理模式的建立就是一阶逻辑、直觉逻辑、模态逻辑、多值逻辑和模糊逻辑等的充分运用[83],所以逻辑学理论是计算机科学的基础理论之一,计算机科学蓬勃地发展又反过来推动了逻辑学的进一步发展。随着逻辑学的不断发展,它的表达力也越来越强大,它的逻辑论证能力也不断扩展[84]。关于逻辑的论证性,有不少学者进行了研究[85,89],论证逻辑是逻辑学中一个不可分割的部分,在论证逻辑真当中起着重要的作用[89-90]。近年来,逻辑学研究中产生的新理论与新方法在数学、语言学[90-91,86,92-93]、法学[94]、经济学[95],尤其是在计算机科学及人工智能领域中[96-99]已有不少的应用。因此,逻辑学越来越被这些领域尤其是计算机科学和人工智能领域的研究者关注,越来越多的学者在研究数学、计算机科学的同时还研究逻辑学,或者逻辑学研究者研究逻辑学在这些领域的应用[100-103,97,99]。

作为模态逻辑的一个分支,动态认知逻辑是认知逻辑融合动态逻辑形成的。动态认知逻辑是知识、行为以及它们之间的相互关系的逻辑。它不是一种逻辑而是一整套逻辑,可用来描述理性主体系统中静态和动态的两方面信息。

本章主要参考文献[83,104]来介绍动态认知逻辑的理论基础。

3.1 命题逻辑

有"真"或"假"两个值的陈述句,或者说不是真就是假的陈述句称为命题。下面给出命题逻辑的概念。

定义 3.1:命题公式 假设 P 是命题变元集(它的元素通常用 p、q、r、p_1、p_2、p_3 等来组成),最简单的基本命题语言可用公式 φ 表示为

$$\varphi ::= \bot \mid p \mid \neg\varphi \mid \varphi \vee \varphi, \quad \text{其中 } p \in P$$

这个定义的含义是,一个公式可以由 3 种方式构成:元子命题 p 是一个公式,如果 φ 是一个命题公式,φ 的否定 $\neg\varphi$ 和 $\varphi \vee \varphi$ 也是公式。这是命题公式最简洁的表示,因为其他联结词均可由以上两个联结词直接或间接定义。也可以解释为命题公式由命题变元或命题变元和联结词构成。命题基本联结词有 $\neg$、$\vee$、$\wedge$、$\to$ 等,分别表示否定、析取、合取、蕴含。之所以用否定和析取就能表示所有基本的联结词,是因为

$$\varphi \wedge \psi = \neg(\neg\varphi \vee \neg\psi)$$
$$\varphi \to \psi = \neg\varphi \vee \psi$$

命题逻辑的语义是由命题公式的真偽来定义的。命题逻辑不能完全表达认知信息,认知概念的处理方法与模态逻辑的模态词相似,所以认知逻辑被称为认知模态逻辑。

3.2 模态逻辑

模态逻辑是在命题逻辑或谓词逻辑中加入模态词形成的,根据对模态词的不同解释可形成认知逻辑、道义逻辑、时态逻辑、动态逻辑、可证性逻辑、信念逻辑等,这就使得它的表达力在大大增强。因此模态逻辑在很多行业都有着不同程度的应用,使逻辑学得到不断的丰富和发展。模态逻辑的最大特点是发展了关系语义[105],关系语义指的是框架、模型、可满足性和有效性等概念,在社会科学、经济学、数学等领域有着成功的应用。同时还在可能世界中引入了程序,于是模态语言理论在计算机科学中得到了广泛的应用,成为计算机科学领域非常有用的工具。尤其是认知逻辑和时态逻辑,时态逻辑描述了随着时间变化中的逻辑[98]、公开宣告和认知行为引起知识在认知活动中的变化,因此动态认知逻辑表达了公开宣告等认知行为导致的知识变化的逻辑模型及其模型的变

化^[106]。这与计算机程序中一个操作引起的各参与方拥有的信息的变化刚好吻合，于是计算机程序的模态逻辑描述成为可能。

模态逻辑是为了形式化模态概念在基本逻辑的基础上加入了模态算子即模态词而形成，最典型的是模态词"必然"（用"□"表示）和"可能"（用"◇"表示）^[107]。在命题逻辑的基础上加上模态词称为命题模态逻辑，在谓词逻辑的基础上加上模态词称为谓词模态逻辑。模态逻辑比命题逻辑、谓词逻辑的表达力强得多。

定义 3.2：命题模态公式 假设 P 是命题变元集，最基本的模态语言 $\mathcal{L}_\square$ 可用 BNF(Backus-Naur form)范式表示为

$$\varphi ::= \perp \mid p \mid \neg\varphi \mid \varphi \vee \varphi \mid \square\varphi \quad 其中 p \in P$$

这个公式的意思是一个真的常量 $\top$ 是一个公式，一个命题变元是基本模态公式，如果 φ 是一个模态公式，φ 的否定和 φ 的析取以及必然 φ 也是模态公式。这是模态公式的最为简洁的表示，因为

$$\perp = \neg\ \top$$
$$\varphi \wedge \psi = \neg(\neg\varphi \vee \neg\psi)$$
$$\varphi \rightarrow \psi = \neg\varphi \vee \psi$$
$$\diamondsuit\varphi = \neg\square\neg\varphi$$

定义中的"□"和"◇"在基本模态语言中表示必然和可能。狭义上讲，模态逻辑研究涉及"必然"和"可能"表达式使用的推理。然而，术语"模态逻辑"被更广泛地用于涵盖具有相似规则和各种不同符号的一系列逻辑。根据对"□"的解释不同形成不同的模态语言，最为著名的几种模态逻辑是：认知逻辑、道义逻辑、时态逻辑、信念逻辑^[108]。

模态语言之间的相互区别在于模态词的不同。模态语言以一个模态词集（在基本模态语言中是 $\langle\square,\diamondsuit\rangle$）加上命题变元集 P 为基础构成。如果一个模态词有两个元素 $\otimes$ 和 $\oplus$，使得" $\otimes\varphi := \neg\oplus\neg\varphi$ "，则称 $\otimes$ 和 $\oplus$ 互为对偶。显然，□和◇互为对偶，但是 K_a（主体 a 知道）和 B_a（主体 a 相信）之间没有对偶关系。模态语言的语义是用可能世界的语义学来解释的，如此构建的语义理论称为克里普克(Kripke)语义学。它有两个层面的解释：框架的和模型的。克里普克框架和模型是定义模态逻辑语义最常用的结构。下面定义两个概念。

定义 3.3：基本模态语言 $\mathcal{L}_\square$ 的框架 基本模态语言 $\mathcal{L}_\square$ 的框架是一个二元组 $F=(W,R)$，其中 W 是一个非空的可能世界集，R 是 W 上的一个二元关系。W 是可能世界 w 的集合，它的元素通常称为 w、v、s、t 等，wRv 或 Rwv 表示关系 R 在世界 w、v 之间成立。在世界 W 成立的元素可以用一个非空的原子命

题集 P 来描述,这些原子命题代表了相关世界的基本事实,因此任意一个可能世界 $w(w \in W)$ 都可以看作一个非空的原子公式集。根据模态逻辑具体应用领域的不同,W 中的元素,它或者表示状态(state)或者是节点(node)或者是情景(situation)或者是点(point)等。W 上的 R 是二元的,描述可能世界之间的可及关系。wRv 这种关系在集合理论上写作:$(w,v) \in R$。如果假定 R 至少包含一种关系,框架就是一个关系结构,W 则是这个关系结构的域。

定义 3.4:基本模态语言 $\mathcal{L}_\square$ 的模型　基本模态语言 $\mathcal{L}_\square$ 的模型是一个二元组 $\mathfrak{M} = (F, V)$,其中 F 是一个框架,V 是一个函数,它指派给每个命题符号 p 成立的一个子集 $V(p)$,其中 $p \in P$。形式上来说,V 是一个映射:$p \to \mathscr{P}(W)$,其中 $\mathscr{P}(W)$ 表示 W 的幂集。函数 V 被称为一个赋值。

给定模型 $\mathfrak{M} = (F, V)$,称 $\mathfrak{M}$ 是以框架 F 为基础的模型,或者 F 是模型 $\mathfrak{M}$ 所依据的框架。从形式上看,模型比框架多了一个赋值或者说模型是一个带有值函数的框架,模型也可以看作一种关系结构,即 (W, R, V)。定义模型是为了解释模态语言。假定将模型 $\mathfrak{M}$ 中的一个世界标记为 w,一个点模型就可以写作:$\mathfrak{M}, w$。

定义 3.5:模态语言 $\mathcal{L}_\square$ 的语义归纳　令 $\mathfrak{M} = (W, R, V)$ 是一个模型且 $w \in W$,将"公式 φ 在模型 $\mathfrak{M}$ 中的世界 w 为真",记作 $\mathfrak{M}, w \vDash \varphi$,则模态语言 $\mathcal{L}_\square$ 的语义归纳定义如下。

$\mathfrak{M}, w \vDash \top$　　　　当且仅当 $\mathfrak{M}, w \nvDash \bot$;

$\mathfrak{M}, w \vDash p$　　　　当且仅当 $w \in V(p)$;

$\mathfrak{M}, w \vDash \neg\varphi$　　　当且仅当 $\mathfrak{M}, w \nvDash \varphi$;

$\mathfrak{M}, w \vDash \varphi \lor \psi$　　当且仅当 $\mathfrak{M}, w \vDash \varphi$ 或者 $\mathfrak{M}, w \vDash \psi$;

$\mathfrak{M}, w \vDash \square\varphi$　　　当且仅当对任意一个 $v \in W$,如果 Rwv,那么 $\mathfrak{M}, v \vDash \varphi$。

显然这与命题语言不同,模态语言的模型是基于一个世界来描述一个公式的真,对任意一个公式 φ 对一个世界来说或者为真或者为假,因此有 $\mathfrak{M}, w \vDash \varphi$ 或者 $\mathfrak{M}, w \nvDash \varphi$。对于变元 p 的赋值定义扩展到任意一个公式 φ,有 $V(\varphi) = \{w \mid \mathfrak{M}, w \vDash \varphi\}$,意思是说任意一个公式或命题的值可以看作使它为真的世界的集合。"$\mathfrak{M}, w \vDash \varphi$"也称为公式 φ 在模型 $\mathfrak{M}$ 中的 w 世界是可满足的,"$\mathfrak{M}, w \nvDash \varphi$"称为公式 φ 在模型 $\mathfrak{M}$ 中的 w 世界是不可满足的。关于 $\mathfrak{M}, w \vDash \square\varphi$,是说模型 $\mathfrak{M}$ 中与世界 w 可及的所有世界 v 都满足 φ,所以 φ 必然为真。例如,在一个克里普克模型 $\mathfrak{M} = (W, R, V)$ 中,给定 $W = \{w, v, s\}$,关系 R 有 Rsv, Rsw。$\mathfrak{M}, s \vDash \square p$,如图 3.1 所示。

如图 3.1 所示,模型 $\mathfrak{M}$ 中的世界或者称为状态或称为点 v、s、w,用圆圈表

图 3.1 模型 $\mathfrak{M}$ 中 $\mathfrak{M}, s \vDash \Box p, \mathfrak{M}, s \vDash \Diamond q$

示,在这些世界或状态或点成立的命题写在其中,例如状态 v 满足的命题是 p、q 这两个命题,或者说这两个命题在世界 v 是真的,即 $\mathfrak{M}, v \vDash p$ 和 $\mathfrak{M}, v \vDash q$。可及状态用箭头表示。状态 s 的可及状态是 v 和 w,$\mathfrak{M}, s \vDash \Box p$,因为 $\mathfrak{M}, v \vDash p$ 和 $\mathfrak{M}, w \vDash p$。$\mathfrak{M}, s \nvDash \Box q$,因为 $\mathfrak{M}, v \vDash q$ 和 $\mathfrak{M}, w \nvDash q$。但是,$\mathfrak{M}, s \vDash \Diamond q$,因为存在一个 v,使得 Rsv,并且 $\mathfrak{M}, v \vDash q$。所以说在一个世界必然 p 为真依赖于它的可及世界中 p 是不是都为真。在一个世界可能 p 为真,是存在一个与它可及的世界满足 p。在一个世界一个模态公式是否为真,依赖于与它可及的其他世界的事实,这是模态逻辑的一条重要的性质。

3.3 动态认知逻辑

3.3.1 认知逻辑概述

认知逻辑的发展和应用已经远远超越了哲学的起源,广泛应用到经济学、语言学、计算机科学等相关的学科,已成为这些领域重要的形式化工具[109],在计算机科学中已经大量应用到人工智能、分布式计算和计算机安全领域[110]。目前,动态认知逻辑在哲学、社会学、计算机科学中有着广泛的应用[88,96,111-135]。国内有不少学者对其进行研究[88,90-91,106,111-117]。动态认知逻辑的发展也趋向于实际应用[145-148]。

动态认知逻辑是模态逻辑的一个重要分支。动态认知逻辑是动态逻辑与认知逻辑的结合,它能表示这两方面的知识,一是主体的知识,二是主体的行为执行引起主体变化的知识。通过其克里普克(Kripke)语义学,认知逻辑受到模态逻辑发展的影响很大。在认知逻辑中对认知概念的处理与逻辑模态词"必然"与"可能"的处理方法类似,$\Box \varphi$ 表示知道 φ,例如,主体 a 知道 φ,写作"$K_a \varphi$"(本书中用 K 表示知道算子,不同的字体表示不同的含义)。有时也用 $\Box \varphi$ 表示相信 φ,主体 a 相信 φ,写作:"$B_a \varphi$"(这里的 B 表示相信算子)。K 和 B 是认知逻辑中主要的认知算子,认知逻辑主要的研究就是围绕这一特征进行的。在认知逻辑中,主体 a 知道某一事实,这一事实就被认为是真的,形式化的表达就是:$K_a \varphi \rightarrow \varphi$。而相信就不是这样了,$B_a \varphi \rightarrow \varphi$ 是假的。

认知逻辑系统采用逻辑系统$S5$(自反性和欧性)。认知逻辑基本的表达知识的逻辑是基于一个原子命题集 P 和一个有限主体集 A 上的,原子命题 p、q、r 等描述在现实世界中的事件的状态,例如,在计算机程序运行中的每一个状态。在后面的描述中,p 是 P 中一个任意的原子命题,a 是 A 中的一个任意主体。

定义 3.6：基本的认知语言 令 P 是原子命题集,A 是主体集。多主体认知逻辑语言 $\mathcal{L}_K$ 用 BNF 范式表示如下：

$$\varphi ::= \bot \mid p \mid \neg\varphi \mid \varphi \vee \varphi \mid K_a\varphi$$

在这个公式中,$p \in P$,$a \in A$。这个公式的含义是,原子命题是公式,公式使用 $\neg$(否定)、$\vee$(析取)或 K_a(认知算子)构成复杂公式。根据定义,($p \wedge \neg K_a K_a(p \wedge K_a \neg p)$)和 $\neg K_a \neg (p \wedge K_a(q \wedge \neg K_a r))$ 是公式。另外,也会使用一些典型的元素来表示原子命题,例如,q、r 或 p'、q'、r'、p'' 等主体也可以用其他的变量来表示,例如,b、c 和 a'、b' 等在后面的实例中,也用别的符号来表示主体,诸如 S 表示发送者,R 表示接收者等。通常采用标准缩写和惯例来表示公式,例如：$(\varphi \vee \psi) = \neg(\neg\varphi \wedge \neg\psi)$,符号 $\top$ 作为 $p \vee \neg p$ 的简写和 $\neg \bot$。而且,$(\varphi \rightarrow \psi) = (\neg\varphi \vee \psi)$；$(\varphi \leftrightarrow \psi)$ 是双向蕴含的简写。

这里仅仅增加一个一元算子来对命题逻辑进行一个最为简单的扩展。对任意一个主体 a,$K_a\varphi$ 表示主体 a 知道 φ。主体 a 可以是在博弈中的一个玩家、一个机器人、一个机器或者是一个过程或进程。在认知定义中,主体 a 不知道 $\neg\varphi$ 表示为($\neg K_a \neg\varphi$)。这个表达有时也解释为 φ 是与 a 的知识是一致的,或主体 a 可能知道 φ,写作 $\hat{K}_a\varphi = \neg K_a \neg\varphi$。对 A 中的任意一个主体群 B,如果 B 中每一个主体都知道 φ,写作 $E_B\varphi$。因此,增加 E_B 这个算子对每个 $B \subseteq A$ 有

$$E_B\varphi = \bigwedge_{b \in B} K_b\varphi$$

因此,形如 $p \wedge \neg K_a p$ 表示 p 是真的而且主体 a 不知道它。公式($\neg K_a K_b p \wedge \neg K_a \neg K_b p$)表示主体 a 不知道是否 b 知道 p。形如 $K_a(p \rightarrow E_B p)$ 表示主体 a 知道如果 p 为真,那么在主体集 B 中的每一个主体知道 p。

对认知逻辑的语义解释是用克里普克模型。文献[149]中阐明克里普克的可能世界语义的哲学思想是"可能世界"是"世界可能呈现的状态或可能会采取的方式"。在克里普克模型中,可能世界或称为状态,可及关系是不可区分的关系。形如"$K_a p$"主体 a 知道 p 用克里普克模型图表示 a 可及的状态 w 和 w' 中,φ 都为真,如图 3.2 所示。

图 3.2 模型 $\mathfrak{M}$ 中,主体 a 知道 p

如图 3.2 所示,对主体 a,状态 w 和 w' 都是可及的($R_a w w'$),表示 a 对状态 w 和 w' 不可区分,在 w 和 w' 中 p 为真,这里将在这个状态为真的公式标在状态圆圈上面。"$K_a p$"主体 a 知道 p 也就是说主体 a 可及的所有世界里 p 都为真。在应用克里普克模型分析问题时,把所有可能的情况看作一个世界或一个状态,具体用一个例子来说明。假如主体 a 住在上海,主体 b 住在北京,a 显然知道上海是否在下雨,而 b 是不清楚的。但是 b 知道 a 知道上海是在下雨或没有下雨。实际上 a 知道上海是在下雨。用 p 表示上海在下雨,$\neg p$ 表示上海没有下雨。这两种情况用两个状态 1 和 0 来表示。事实状态用下画线标明。

规定在状态 1 中 p 为真,在状态 0 中 p 为假。这个模型如图 3.3 所示,状态 0 和 1 对 b 可及,也就是说 b 不能区分状态 0 和 1,b 不知道 p 的值。在认知模型中,所有的关系是等价关系,所有的状态是自反的对称的和传递的。所以 b 知道 a、知道 p,或者 a 知道 $\neg p$。a 对这两个状态不可及,所以 a 对这两个状态是可以区分的,也就是说,a 知道 p 或者 a 知道 $\neg p$。事实上 a 知道 p。为了图形的简洁,常常省略自反和对称箭头,上面的模型精简为如图 3.4 所示的状态。

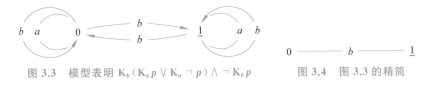

图 3.3 模型表明 $K_b(K_a p \vee K_a \neg p) \wedge \neg K_b p$ 图 3.4 图 3.3 的精简

从上面的例子可以得出基本认知语言的语义如下。

定义 3.7:模态语言 $\mathcal{L}_K$ 的语义归纳　给定主体集 A,原子命题集 P,认知模型为 $\mathfrak{M} = (W, R, V)$ 且状态 $w \in W$,基本认知模态语言 $\mathcal{L}_K$ 的语义归纳定义如下:

$\mathfrak{M}, w \vDash \bot$ 　　　当且仅当 $\mathfrak{M}, w \nvDash \top$;

$\mathfrak{M}, w \vDash p$ 　　　当且仅当 $w \in V(p)$;

$\mathfrak{M}, w \vDash \neg \varphi$ 　　　当且仅当 $\mathfrak{M}, w \nvDash \varphi$;

$\mathfrak{M}, w \vDash \varphi \vee \psi$ 　　　当且仅当 $\mathfrak{M}, w \vDash \varphi$ 或者 $\mathfrak{M}, w \vDash \psi$;

$\mathfrak{M}, w \vDash K_a \varphi$ 　　　当且仅当对任意一个 $w' \in W$,如果 $R_a w w'$,那么 $\mathfrak{M}, w' \vDash \varphi$。

从这个语义可以看出,认知语言也是基于一个世界来解释的,认知公式 $K_a \varphi$ 的真依赖于主体 a 的所有可及世界 φ 是否都为真。

在图 3.2 中,在认知模型 $\mathfrak{M}$ 中,状态之间可及关系 R_a 是自反的(例如,任意一个 w,有 $R_a w w$),因此 $\mathfrak{M}$ 满足 $K_a \varphi \rightarrow \varphi$。在认知模型 $\mathfrak{M}$ 中,在一集合 W

上的关系 R 是一系列可及关系之一,对所有的 $a \in A$,R_a 有以下几种情况:

(1) 所有克里普克模型的类有时表示为 $\mathcal{K}$,因此 $\mathcal{K} \vDash \varphi$ 与 $\vDash \varphi$ 是一致的。

(2) 关系 R_a 是连续的,如果对所有的 $w \in W$,都存在一个 w' 使得 $R_a w w'$。在克里普克模型 $\mathfrak{M} = (W, R, V)$ 中,如果所有的关系 R_a 是连续的,就可以表示为 $\mathcal{KD}$。

(3) 关系 R_a 是自反的,如果对所有的 $w \in W$,都有 $R_a w w$。在克里普克模型 $\mathfrak{M} = (W, R, V)$ 中,如果所有的关系 R_a 是自反的,就可以表示为 $\mathcal{T}$。

(4) 关系 R_a 是传递的,如果对所有的 $w, v, t \in W$,如果有 $R_a w v$ 和 $R_a v t$,那么 $R_a w t$。在克里普克模型 $\mathfrak{M} = (W, R, V)$ 中,如果所有的关系 R_a 是传递的,就可以表示为 $\mathcal{K}4$。自反且传递的模型类表示为 $\mathcal{S}4$。

(5) 关系 R_a 是欧性的,如果对所有的 w, v 和 t,如果有 $R_a w v$ 和 $R_a w t$,那么 $R_a v t$。在克里普克模型 $\mathfrak{M} = (W, R, V)$ 中,如果所有的关系 R_a 是欧性的,就可以表示为 $\mathcal{K}45$。连续且传递和欧性的模型类表示为 $\mathcal{KD}45$。

(6) R_a 是对称关系对所有的 w, w',如果 $R_a w w'$,那么 $R_a w' w$。

(7) R_a 是等价关系如果 R_a 是自反的传递的和对称的,称为等价关系。同样地,如果 R_a 是自反的和欧性的,R_a 也称为等价关系。具有等价关系的克里普克模型类表示为 $\mathcal{S}5$。在本书中的认知模型主要应用模型类 $\mathcal{S}5$。

在不影响任意主体知识的情况下,两个认知状态 $\mathfrak{M}, w$ 和 $\mathfrak{M}, w'$ 如何不同?换句话说,一个模型和另一个模型从哪个粒度上可以区分,认知语言 $\mathcal{L}_K$ 如何去表达这个问题。下面引出一个基本概念。

定义 3.8:互模拟 给定两个模型,$\mathfrak{M} = (W, R, V)$ 和 $\mathfrak{M}' = (W', R', V')$,一个非空的关系 $\mathcal{R} \subseteq W \times W'$ 是一个互模拟,当且仅当,对所有的 $w \in W$ 和 $w' \in W'$ 有 $(w, w') \in \mathcal{R}$,且满足下列条件:

① 若 $w \in V(p)$ 当且仅当,$w' \in V'(p)$,对所有的 $p \in P$。

② 对任意 $a \in A$ 和所有的 $v \in W$,如果 $R_a w v$,那么,存在一个 $v' \in W'$,使得 $R'_a w' v'$ 和 $(v, v') \in \mathcal{R}$。

③ 对任意 $a \in A$ 和所有的 $v' \in W'$,如果 $R'_a w' v'$,那么,存在一个 $v \in W$,使得 $R_a w v$ 和 $(v, v') \in \mathcal{R}$。

写作 $(\mathfrak{M}, w) \leftrightarrows (\mathfrak{M}', w')$,当且仅当与 w 和 w' 相关联的 $\mathfrak{M}$ 和 $\mathfrak{M}'$ 存在互模拟,称 $(\mathfrak{M}, w)$ 和 $(\mathfrak{M}', w')$ 互模拟。如果模型 $\mathfrak{M}$ 和 $\mathfrak{M}'$ 之间有一个互模拟关系相连接,那么 $\mathfrak{M}$ 和 $\mathfrak{M}'$ 是互模拟,写作 $\mathfrak{M} \leftrightarrows \mathfrak{M}'$。

显然,上面的 3 个条件是说,对于 $(\mathfrak{M}, w)$ 和 $(\mathfrak{M}', w')$ 要互模拟,在 $\mathfrak{M}, w$ 和 $\mathfrak{M}', w'$ 都要满足原子命题为真,不仅是在 w 和 w',而且在所有可及状态都是递

归的。第二个条件是说，保留从 $\mathfrak{M},w$ 到 $\mathfrak{M}',w'$ 的认知公式，第三个条件是保留 $\mathfrak{M}',w'$ 到 $\mathfrak{M},w$ 的知识。在认知语言中是不能区分互模拟模型，更精确地说，如果 $(\mathfrak{M},w)\equiv_{\mathcal{L}_K}(\mathfrak{M}',w')$，当且仅当，$\mathfrak{M},w\vDash\varphi$，对所有的 $\varphi\in\mathcal{L}_K$，有 $\mathfrak{M}',w'\vDash\varphi$。对所有的点模型 $\mathfrak{M},w$ 和 $\mathfrak{M}',w'$，如果 $(\mathfrak{M},w)\leftrightarroweq(\mathfrak{M}',w')$ 那么 $(\mathfrak{M},w)\equiv_{\mathcal{L}_K}\mathfrak{M}',w')$。也就是说，如果这两个点模型是互模拟的那么它们在语言 $\mathcal{L}_K$ 上是等价的。

一个逻辑系统是一公式集，这一公式集在模型类上是有效的。这个公式集被称为公理系统，它是一个被称为公理的公式集合和推理规则构成。推理规则提供了从公理出发推演出系统内定理的工具。由公理推演出定理的过程被称作证明。因此，认知逻辑系统可以看作一个认知模态公式集，它包括所有命题重言式并且在 MP、US、和 N 规则下封闭。封闭的意思是说，在这个逻辑系统中其他公式可以从其推演。认知逻辑系统的公理如下：

$K_a(\varphi\rightarrow\psi)\rightarrow(K_a\varphi\rightarrow K_a\psi)$　　　　　　　　　　　（分配公理）

$K_a\varphi\rightarrow\varphi$　　　　　　　　　　　　　　　　　　（知道公理）

若 $\vdash\varphi$，则 $\vdash K_a\varphi$　　　　　　　　　（必然性规则，又称 N 规则）

若 $\vdash\varphi$ 和 $\vdash\varphi\rightarrow\psi$，则 $\vdash\psi$　　　　　　　　（MP 规则）

$K_a\varphi\rightarrow K_aK_a\varphi$　　　　　　　　　　　　　（正内省公理）

$\neg K_a\varphi\rightarrow K_a\neg K_a\varphi$　　　　　　　　　　　（负内省公理）

分配公理是说主体知道所知道东西的所有逻辑后承。也就是说，在该蕴含式中知道算子可以进行分配的。知道公理是说，主体知道 φ，那么 φ 为真。如果说主体知道 φ，而 φ 又不是事实，这就导致不一致。而事实也是如此，人们所知道的东西都必须是事实。N 规则是说如果主体知道一个逻辑系统中的所有可证公式，则就会知道系统内所有定理。

3.3.2　群体知识

前面已经提到了普遍知识"每一个人都知道"的概念，在这一节中，介绍一些为多主体系统的群体知识的概念。群体知识在多主体系统中有重要的作用，因为主体之间的影响和互动很多是建立在群体知识的基础之上的。知道知识可以直接由经验获得，也可以通过交流获得，群体知识主要由交流获得。这里主要强调后面的应用中要用到的公共知识。

前面介绍了普遍知识 $E_B\varphi$ 表示对每个 $B\subseteq A$，B 中每一个主体都知道 φ。但这并不说明每一个主体都知道别的主体也知道 φ。这个称为普遍知识，即团体每个成员都知道的知识。公共知识是不仅每个成员知道，而且每个成员都知道群内的其他成员都知道这个知识。例如,交通规则"红灯停,绿灯行"是驾驶员的公共知识,就是说不仅每个驾驶员知道这条规则,并且每个驾驶员都知道每个驾驶员都知道每个驾驶员都知道这条规则,等等。假如有某个驾驶员虽然自己知道这条规则,但不知道是否别人都知道,或者说他怀疑可能有人不知道,那么这个驾驶员就会缺乏安全感。这意味着该规则能否真正成为公共知识是驾驶员们遵守规则安全驾驶的前提条件。所以公共知识是群知识的迭代,即

$$E_B E_B E_B \cdots \varphi = E_B^n \varphi, \quad n \geqslant 0$$

这里用算子 C 来表示公共知识,群体 B 的公共知识表示为

$$C_B \varphi = \bigwedge_{n=0}^{\infty} E_B^n \varphi$$

因此,可以给出含有公共知识的认知语言 $\mathcal{L}_{KC}$ 的定义。

定义 3.9:含有公共知识的认知语言 $\mathcal{L}_{KC}$ 的语法 令 P 是原子命题集,A 是主体集,$B \subseteq A, a, b, c \in A$,语言 $\mathcal{L}_{KC}$ 为含有公共知识的多主体的认知逻辑语言,用 BNF 表示为

$$\varphi ::= \bot \mid p \mid \neg\varphi \mid \varphi \vee \varphi \mid K_a\varphi \mid C_B\varphi$$

有时,把 B 里面的小群体的公共知识表示为 $C_a\varphi$、$C_{ab}\varphi$、$C_{abc}\varphi$……因此,$\mathcal{L}_{KC}$ 是用公共知识(Common Knowledge)扩展 $\mathcal{L}_K$ 形成的。

定义 3.10:含有公共知识的认知语言 $\mathcal{L}_{KC}$ 的语义 对原子命题集 P 和主体集 A 给定一个模型 $\mathfrak{M} = (W, R, V)$ 且状态 $w \in W$,含有公共知识的认知语言 $\mathcal{L}_{KC}$ 的语义归纳定义如下:

$\mathfrak{M}, w \vDash \bot$	当且仅当 $\mathfrak{M}, w \nvDash \top$;
$\mathfrak{M}, w \vDash p$	当且仅当 $w \in V(p)$;
$\mathfrak{M}, w \vDash \neg\varphi$	当且仅当 $\mathfrak{M}, w \nvDash \varphi$;
$\mathfrak{M}, w \vDash \varphi \vee \psi$	当且仅当 $\mathfrak{M}, w \vDash \varphi$ 或者 $\mathfrak{M}, w \vDash \psi$;
$\mathfrak{M}, w \vDash K_a\varphi$	当且仅当对任意一个 $w' \in W$,若 $R_a ww'$,则 $\mathfrak{M}, w' \vDash \varphi$;
$\mathfrak{M}, w \vDash C_B\varphi$	当且仅当对任意一个 $w' \in W$,若 $R_B ww'$,则 $\mathfrak{M}, w' \vDash \varphi$。

3.3.3　公开宣告逻辑

动态认知逻辑是认知逻辑和动态逻辑相结合而形成的逻辑。公开宣告是动态认知逻辑的基础系统,在文献[150]中有详细的阐述。动态逻辑以模态逻辑为基础发展并形成。在计算机系统中,一个程序的调用和执行或者一个消息的发送是一个行动,一个模态可以表示一个行动,动态逻辑是一种多模态逻辑。因此,动态逻辑可以表示计算机中程序执行和程序调用。动态认知逻辑是一个

非常活跃的研究领域。它主要能够刻画由行动引起的主体知识变化,而且能够形式化这些变化的信息。这些知识和由行动引起的知识变化都要分别表示。近年来,认知逻辑在计算机以及人工智能和社会科学等许多学科领域中都有着不同程度的应用,主要表示群体知识和多主体之间的互动引起的认知信息的变化。这种互动性的认知活动存在两个方面:一方面是从初始状态获取信息,另一方面是获取信息后的行为产生新的状态。从知识的角度来说,又可以看作知识的处理和知识变化的处理,即从初始状态到最终状态的变化情况。知识的动态变化可以理解为"知识—行为—新状态—新知识"的过程,这使得认知逻辑和动态逻辑可因此而结合。目前的做法是用模态算子来表示知道和引起知识变化的行动,使"知道"和"行动"同在一个系统中存在并且互相影响,行动的对象可以是一个知识的命题,这就刻画了知识以及知识的动态变化。

公开宣告是日常信息交流的一种形式,类似于现实生活中的广播。在动态逻辑中,公开宣告被认为是一种行为,于是,公开宣告逻辑(public announcement logic, PAL)就是包含公开宣告的动态认知逻辑。对公开宣告逻辑的研究促进了动态认知逻辑的进一步发展。对于多主体之间的通信的系统,公共知识及其相关知识是必不可少的。公共知识结合行为模型更丰富了逻辑的表达性和完整性[151-152]。在用餐密码协议的验证中,还有学者把符号技术应用在知识逻辑的模型检测中[153],为匿名广播提供了一种机制。下面介绍公开宣告逻辑的语法和语义。

如果某人诚实地对一群朋友说"一棵树上开着红色的花"。"一棵树上开着红色的花"这个事实就成为了他们的公共知识。这是对事实的一种宣告,宣告的事实就变成了公共知识。但这容易造成一种错误的直觉:不管此人宣告什么,所说的内容都会变成公共知识,但是这对某些认知命题并不成立。例如,a告诉b:"John 当选为美国总统了,可是你还不知道这个消息。"a 说的这句话可以形式地表达为 $p \wedge \neg K_b p$。在 a 说这句话前,$p \wedge \neg K_b p$ 是真的,但当 a 说了后,b 就知道了"John 当选为美国总统了",也就是说在公开宣告之后,$p \wedge \neg K_b p$ 就变成了假命题。如果一个命题在公开宣告之后就变成了假命题,这个宣告就称为不成功的宣告。在后面的应用中,只讨论宣告一个事实后变成了公共知识的这种情况。下面给出公开宣告逻辑的语法。

定义 3.11:公开宣告逻辑 $\mathcal{L}_{KC\square}$ 的语法 给定一个原子命题集 P 和一个有限的主体集 A,公开宣告逻辑 $\mathcal{L}_{KC\square}$ 用 BNF 表示为

$$\varphi ::= \bot \mid p \mid \neg \varphi \mid \varphi \vee \varphi \mid K_a \varphi \mid C_B \varphi \mid [\varphi] \psi$$

其中,$B \subseteq A$ 和 $a \in A$,$p \in P$,φ 和 ψ 表示两个变量以及可能不同或相同的两个公式。语言 $\mathcal{L}_{KC\square}$ 在语言 $\mathcal{L}_{KC}$ 基础上增加一个符号"$[]$",表示增加一个动态模态算子。

归纳构造 $[\varphi]\psi$ 表示：宣告 φ 或用 φ 更新后，ψ 成立。对其他的动态现象来说，更新是一个更普遍的概念。这里的宣告总是意味着公开和真实的宣告。

公开宣告 φ 的作用是将认知状态限制到使 φ 成立的那些状态以及可及状态。宣告 φ 被看作带相应的动态模态算子 $[\varphi]$ 的认知状态转换器。为了对动态算子的语义解释，需要增加一个句子 $|\varphi|_{\mathfrak{M}}$ 表示模型 $\mathfrak{M}$ 中满足 φ 的状态或点，形式化表示为 $|\varphi|_{\mathfrak{M}}=\{w\in\mathcal{D}(\mathfrak{M})|\mathfrak{M},w\models\varphi\}$，其中 $\mathcal{D}$ 表示域。

定义 3.12：含有公共知识的公开宣告逻辑 $\mathcal{L}_{KC\square}$ 的语义 对原子命题 P 和主体集 A，给定一个模型 $\mathfrak{M}=(W,R,V)$ 且状态 $w\in W$，含有公共知识的公开宣告逻辑 $\mathcal{L}_{KC\square}$ 的语义归纳定义如下：

$\mathfrak{M},w\models\bot$ 当且仅当 $\mathfrak{M},w\not\models\top$；

$\mathfrak{M},w\models p$ 当且仅当 $w\in V(p)$；

$\mathfrak{M},w\models\neg\varphi$ 当且仅当 $\mathfrak{M},w\not\models\varphi$；

$\mathfrak{M},w\models\varphi\vee\psi$ 当且仅当 $\mathfrak{M},w\models\varphi$ 或者 $\mathfrak{M},w\models\psi$；

$\mathfrak{M},w\models K_a\varphi$ 当且仅当对任意一个 $w'\in W$，若 R_aww'，则 $\mathfrak{M},w'\models\varphi$；

$\mathfrak{M},w\models C_B\varphi$ 当且仅当对任意一个 $w'\in W$，若 R_Bww'，则 $\mathfrak{M},w'\models\varphi$；

$\mathfrak{M},w\models[\varphi]\psi$ 当且仅当若 $\mathfrak{M},w\models\varphi$，则 $\mathfrak{M}|\varphi,w\models\psi$。

其中，$\mathfrak{M}|\varphi=(W',R',V')$ 定义如下：

$W'=|\varphi|_{\mathfrak{M}}$

$R'=R\cap(|\varphi|_{\mathfrak{M}}\times|\varphi|_{\mathfrak{M}})$

$V'(p)=V(p)\cap|\varphi|_{\mathfrak{M}}$

$\mathfrak{M},w\models\langle\varphi\rangle\psi$ 当且仅当 $\mathfrak{M},w\models\varphi$ 且 $\mathfrak{M}|\varphi,w\models\psi$

从上面的定义可以看到，表示公开宣告后，主体知识的变化是在模型中把认知状态限制到 φ 成立的那些状态去，而且保留这些状态已有的认知可及关系。

这里用 3 个玩家玩卡片的游戏来说明公开宣告如何产生模型的变化。甲、乙和丙分别从 3 张卡片当中抽取一张卡，每人只知道自己的卡，不知道别人的卡，3 张卡片上的数字分别是 0、1、2，这是公共知识。事实上，甲有卡 0，乙有卡 1，丙有卡 2。甲现在说："我没有卡 1"。

用 012 表示甲有卡 0，乙有卡 1，丙有卡 2。这副卡是大家都知道的，但玩家只能看到自己的卡，其他的玩家也只有一张卡。他们只知道自己的卡上的数字而且别人的卡的数字一定是和自己的不同的。换句话说，012 和 021 对于甲来说是一样的，也就是甲对这两个状态是不可区分的，因为他不知道乙是 1 还是 2，也不知道丙是 2 还是 1。同样，012 和 210 对于乙也是一样的。所以对所有的玩家来说,总共有 6 种不同的情况。因为只知道自己的卡而产生的等价关系和玩家实际拥有什么卡的真实情况,可以得到认知状态(Hexa,012),其中 Hexa 表示模型名称,真实状态用下画线标明,如图 3.5 所示。

分别用 a、b、c 代表甲、乙、丙三人。图 3.5 中 012 是事实状态,021 是 a 认为的可能状态,因为认为乙可能是 1 或 2,丙或许是 2 或许是 1,这两个状态对于甲来说不可区分。乙只知道自己是卡 1,他认为甲可能是 0 也可能是 2,丙可能是 2 或 0,012 和 210 对于乙来说不可区分,乙认为如果甲是 2,那么甲对 210 和 201 不可区分,以此类推,共有 6 个状态。状态之间连线上的主体表示他们对这两个状态不可区分,也就是说,这两个状态对他们来说是等价的。为了图的简洁,用线代表了箭头,省略了自反的箭头。

用 0_a 表示甲有卡 0,1_b 表示乙有卡 1,以此类推。认知公式 $K_a \neg (K_b 0_a \lor K_b 1_a \lor K_b 2_a)$ 表示甲知道乙不知道他的卡。甲认为乙可能有卡 2,但实际上,乙有卡 1,形式化为 $1_b \land \hat{K}_a 2_b$。甲宣告"我没有卡 1($\neg 1_a$)。"这个宣告将把模型限制到使这个公式为真的状态上。那些认为 1_a 的状态以及与它相连的连线删去,模型变为如图 3.6 所示状态。

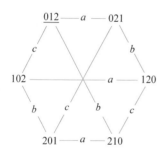

图 3.5　模型 Hexa 甲有卡 0,乙有卡 1,丙有
卡 2 以及他们不可区分的状态

图 3.6　甲宣告"我没有卡 1"后
变化后的模型

接下来乙说:"我还是不知道甲的卡号。"这句话可以形式化为 $(\neg (K_b 0_a \lor K_b 1_a \lor K_b 2_a))$。

所以模型仅存对于乙不可区分的状态。乙的宣告导致的认知模型变化为如图 3.7 所示的状态。

可以看出,乙这一宣告对于甲来说是很有启发性的,假如他现在知道乙的卡。不过,乙还是不知道他的。如果甲宣布他现在知道乙的卡,那就对 $K_a 1_b \lor K_a 2_b$ 在状态 012 和 210 成立的就可以区分了。这毫无疑问,甲一旦知道乙的卡也就知道丙的卡了。这一宣告无疑表明卡的真实状态是 012（即 $0_a1_b2_c$），所以最后模型就剩下一个状态了，如图 3.8 所示。

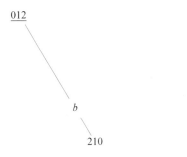

图 3.7 乙宣告"我不知道甲的卡号"
后变化后的模型

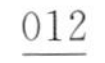

图 3.8 甲宣告"我知道乙的卡号"
后变化后的模型

这就没有进一步能宣告的信息了。整个模型的变化过程如图 3.9 所示。

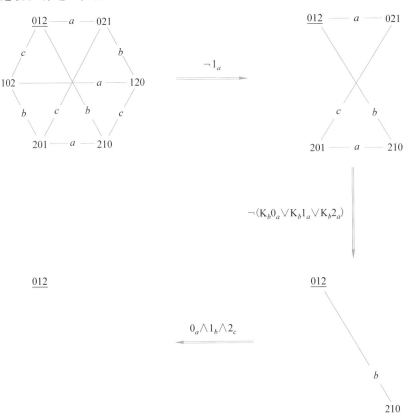

图 3.9 3次宣告后模型的变化过程

如果把一个不安全的网络中的一个消息发送操作看作一个宣告,那么就可以应用这种分析方法来表明参与的各个主体的知识的变化。

公开宣告的公理(符号"↔"表示等价):

$K_a(\varphi\rightarrow\psi)\rightarrow(K_a\varphi\rightarrow K_a\psi)$	(分配公理)
$K_a\varphi\rightarrow\varphi$	(知道公理)
如果$\vdash\varphi$,那么$\vdash K_a\varphi$	(必然性规则,即 N 规则)
如果$\vdash\varphi$ 和$\vdash\varphi\rightarrow\psi$,那么$\vdash\psi$	(MP 规则)
$K_a\varphi\rightarrow K_a K_a\varphi$	(正内省公理)
$\neg K_a\varphi\rightarrow K_a\neg K_a\varphi$	(负内省公理)
$[\varphi]p\leftrightarrow(\varphi\rightarrow p)$	(原子命题持久性)
$[\varphi]\neg\psi\leftrightarrow(\varphi\rightarrow\neg[\varphi]\psi)$	(宣告与否定公式)
$[\varphi](\psi\wedge\chi)\leftrightarrow([\varphi]\psi\wedge[\varphi]\chi)$	(宣告与合取公式)
$[\varphi]K_a\psi\leftrightarrow(\varphi\rightarrow K_a[\varphi]\psi)$	(宣告和知道)
$[\varphi][\psi]\chi\leftrightarrow[\varphi\wedge[\varphi]\psi]\chi$	(宣告组合)

3.3.4 认知行为

3.3.3节介绍了模型更新的一种方式——公开宣告。公开宣告作为一种认知行为对参与的所有主体传达了相同的信息并导致了模型域的限制。如果想要对不同的主体传达不同的信息就要采用更复杂的更新方式称之为认知行为(epistemic actions)。这种更新可能使模型域不变但是可及关系精化,也可能使模型域变大,甚至复杂度是由非互模拟状态的数量来衡量。

在公开宣告中,$[\varphi]\psi$ 表示公开宣告 φ 后,ψ 成立。在认知行为逻辑$[\varphi]\psi$ 中 φ 是一个行为或动作,当 φ 发生,ψ 成立。模型中每一个可能的行为构成一个状态。下面,用一个例子来说明。假定有网络中有 3 个主体 a、b、c,主体 a 发送一个消息给主体 b,c 代表一个攻击者,b 不确定他收到的消息是 a 发送的还是 c 发送的。假设消息为 p,$S_a^b p$ 表示主体 a 发送一个消息 p 给主体 b。这个过程中,a 和 c 都知道是 a 做了这个动作,而 b 不知道消息来源于 a 还是 c。模型表示如图 3.10 所示。

图 3.10　a 和 c 都知道是 a 发送消息 p 给 b,而 b 不知道消息来源于 a 还是 c

通常情况下,用方框表示可能发生的行为,用圆圈表示克里普克的世界或状态。用下画线表示事实行为。行为更新的克里普克模型是由世界或状态和行为成对构成。例如,图 3.10 中在状态 1,主体 a 发送一个消息 p 给主体 b,在状态 2,主体 c 发送一个消息 p 给主体 b。当然一个动作的发生还需要前提条件的,比如 a 发送一个消息 p 给主体 b,那么首先 a 要有消息 p,这就是他执行发送行为的前提条件。

根据上面的例子给出认知行为逻辑的语法和语义。

定义 3.13:认知行为逻辑语言 $\mathcal{L}_{\mathrm{Act}}$(Act 表示行为 Action)的语法   根据上面的例子,假定一个原子命题集 P 和一个有限的主体集 A,α 代表行为,认知行为逻辑 $\mathcal{L}_{\mathrm{Act}}$ 用 BNF(Backus-Naur form)表示为

$$\varphi ::= \perp \mid p \mid \neg \varphi \mid \varphi \vee \varphi \mid \mathrm{K}_a\varphi \mid \mathrm{C}_B\varphi \mid [\alpha]\psi$$
$$\alpha ::= S_a^b p \mid \alpha \vee \alpha \mid \alpha ; \alpha$$

当 $B \subseteq A$ 和 $a,b \in A$,$p \in P$,$S_a^b p \in \alpha$。$S_a^b p$ 是行为发送,$\alpha \vee \alpha$ 表示行为的选择,$\alpha ; \alpha$ 表示这两个行为顺序执行。

定义 3.14:认知行为逻辑语言 $\mathcal{L}_{\mathrm{Act}}$ 的语义   对原子命题 P 和主体集 A,给定一个模型 $\mathfrak{M} = (W, R, V)$ 且状态 $w \in W$,认知行为逻辑 $\mathcal{L}_{\mathrm{Act}}$ 的语义归纳定义如下:

$\mathfrak{M}, w \vDash \perp$	当且仅当 $\mathfrak{M}, w \nvDash \top$;
$\mathfrak{M}, w \vDash p$	当且仅当 $w \in V(p)$;
$\mathfrak{M}, w \vDash \neg \varphi$	当且仅当 $\mathfrak{M}, w \nvDash \varphi$;
$\mathfrak{M}, w \vDash \varphi \vee \psi$	当且仅当 $\mathfrak{M}, w \vDash \varphi$ 或者 $\mathfrak{M}, w \vDash \psi$;
$\mathfrak{M}, w \vDash \mathrm{K}_a\varphi$	当且仅当对任意一个 $w' \in W$,如果 $R_a w w'$,那么 $\mathfrak{M}, w' \vDash \varphi$;
$\mathfrak{M}, w \vDash \mathrm{C}_B\varphi$	当且仅当对任意一个 $w' \in W$,如果 $R_B w w'$,那么 $\mathfrak{M}, w' \vDash \varphi$;
$\mathfrak{M}, w \vDash [\alpha]\psi$	当且仅当对所有的 $\mathfrak{M}', w'$,如果 $(\mathfrak{M}, w) \mid \alpha \mid (\mathfrak{M}', w')$,那么 $\mathfrak{M}', w' \vDash \psi$;
$\mathfrak{M}, w \vDash [S_a^b p]\psi$	当且仅当对所有的 $\mathfrak{M}', w'$,如果 $\mathfrak{M}, w \vDash \mathrm{Pre}(S_a^b p)$ 和 $(\mathfrak{M}, w) \mid S_a^b p \mid (\mathfrak{M}', w')$,那么 $\mathfrak{M}', w' \vDash \psi$。

$$|\alpha \vee \beta| = |\alpha| \vee |\beta|$$
$$|\alpha ; \beta| = |\alpha| \circ |\beta|$$

其中参数含义如下:

$\mathrm{Pre}(S_a^b p)$ 表示执行动作 $S_a^b p$ 的前提条件。$|S_a^b p|$ 表示动作 $S_a^b p$ 可执行。

$(\mathfrak{M},w)|S_a^b p|$ 表示动作 $S_a^b p$ 在点 $(\mathfrak{M},w)$ 是可执行的。

$|\alpha \vee \beta|$ 表示动作 α 和 β 之间的一个不确定的选择，或 α 被执行或 β 被执行。

$|\alpha;\beta|$ 表示动作 α 与 β 顺序执行，"。"表示顺序，执行完 α 后再执行 β。

3.3.5 行为模型

这一节引入"行为模型"的方法来描述认知行为。为了阐明这个方法，用一个具体的例子来说明。假如有 a、b、c 3 个玩家玩掷硬币的游戏，c 为裁判。c 向空中抛一块硬币，在空中抓住它并用手掌蒙住盖在桌上，谁也没有看到硬币的哪一面朝上的。这时，有两种可能的状态：硬币的正面朝上（H），硬币的背面朝上（T），用两个状态表示这个情况，如图 3.11 所示。状态 1 满足硬币正面朝上，状态 2 满足硬币背面朝上。这个模型用 Toss 来表示，有 Toss，$1 \vDash$ H，Toss，$2 \vDash$ T。

图 3.11　a、b、c 都不知道硬币的哪一面朝上

这时，谁也不知道硬币究竟哪一面朝上，所以每个参与者都对这两个状态可及，这两个状态对每个参与者都是不可区分的。这时候，c 忍不住偷偷松开手掌看了一下，看到硬币正面朝上，但是 a、b 没有看见这一行为，从而认为什么也没有发生，用 σ 表示这个偷看行为，用 τ 来表示什么也没有发生，这个行为模型用 A 表示。满足这个行为前提条件的点称为行为点，这个结构 (A,σ) 称为行为模型，如图 3.12 所示。

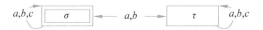

图 3.12　c 偷看了硬币，a、b 以为什么也没有发生，行为模型 (A,σ)

只有 c 才知道 σ 发生了，a、b 不能区分 σ 和 τ，用双重的矩形来表示真实的行为。显然，c 偷看到硬币朝上，这个行为只能在满足 H 的状态发生，也就是硬币朝上的那个状态，不满足 H 的状态是不可能发生这一行为的。表示在行为 σ 后，模型更新如图 3.13 所示。

也就是说，只有在状态 1 才能发生 σ，在状态 1 和 2 都可以发生 τ。

这个更新过程如图 3.14 所示。这个更新是积更新，这个偷看行为只有 c 才知道，a 和 b 都不知道，并且只能在状态 1 发生，行为 σ 需要一个前提条件 H，只

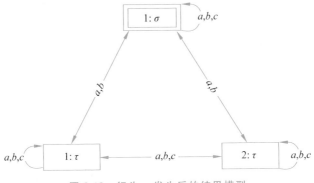

图 3.13　行为 σ 发生后的结果模型

有状态 1 满足,即 $\mathrm{Pre}(\sigma)=\mathrm{H}$。这个更新模型称为行为模型,这两个行为加上各自的前提条件,描述了认知行为。

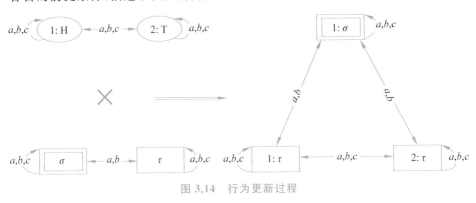

图 3.14　行为更新过程

　　图 3.14 展示了从认知状态的初始结构和行为模型的结构到结果认知状态的结构。在初始状态时,a,b 不能区分状态 1 和 2,也就是不能区分 H 和 T 哪一个为真,也不能区分认知行为 σ 和 τ。也就是说,不能区分两个状态和两个行为,即一个行为在一个状态被执行,另一个行为在另一个状态执行,而在结果状态仍然不能区分。行为 σ 在状态 1 执行,行为 τ 在状态 1 和 2 都可以执行。a,b 仍然不能区分。尽管 c 在初始状态不能区分状态 1 和 2,但在结果状态,是能够区分的。也就是说,虽然在初始状态不能区分这两个状态,但是只要能区分这两个行为,这两个行为的结果也是能够区分的,即在结果模型中 $(1,\sigma)$ 和 $(2,\tau)$ 对 a 和 b 来说是一样的,表示为 $(1,\sigma)\sim_{ab}(2,\tau)$,因为在初始状态 1 和 2 对 a 和 b 来说不可区分 $1\sim_{ab}2$,行为模型中,σ 和 τ 对 a 和 b 来说不可区分 $\sigma\sim_{ab}\tau$。

总结起来说：两个结果状态对一个主体不可区分,当且仅当,它们是在两个已经不可区分的状态中发生的两个不可区分的行为的结果。形式化为对任意的主体 a,有 $(1,\sigma)\sim_a(2,\tau)$,当且仅当 $1\sim_a 2$ 和 $\sigma\sim_a\tau$。

说明：这个对 $(1,\sigma)$ 的成立表明 σ 在状态 1 能够被执行,仅当在初始模型中状态 1 满足执行 σ 的前提条件,即 $\mathrm{Toss},1\vDash\mathrm{Pre}(\sigma)$。

这个构造被看作一个认知状态和一个行为模型的限制模态积。两个模态结构的模态积,通过它们的域的笛卡儿积或者它们的一部分完成一些计算并保留在这些结构上的信息编码,见上例。这个积是受限制的,这是因为没有做完全的笛卡儿积,当 σ 在状态 1 能够被执行,仅仅才允许对 $(1,\sigma)$ 成立。由于这个行为是认知行为,因此在这个对 $(1,\sigma)$ 中的事实值是在原来状态 1 中成立的事实值,这个是不能改变的。显然,在结果结构中的指派点是由原始结构的指派点构成的对。模型 $(\mathrm{Toss},1)$ 描述为 $1\sim_{ab}2$,和行为模型 $(\mathcal{A},\sigma)$ 描述为 $\sigma\sim_{ab}\tau$。计算它们的限制模态积如图 3.13。这个笛卡儿积构成 3 个点,这是因为 $\mathrm{Toss},1\vDash\mathrm{H},\mathrm{Toss},2\vDash\mathrm{T}$,即 $\mathrm{Toss},1\vDash\mathrm{Pre}(\sigma),\mathrm{Toss},1\vDash\mathrm{Pre}(\tau),\mathrm{Toss},2\vDash\mathrm{Pre}(\tau)$。尽管笛卡儿积是由 4 个点构成,然而这个限制模态积只有 3 个点：$(1,\sigma),(1,\tau),(2,\tau)$,因为 $\mathrm{Toss},1\vDash\mathrm{Pre}(\sigma),\mathrm{Toss},1\vDash\mathrm{Pre}(\tau),\mathrm{Toss},2\vDash\mathrm{Pre}(\tau)$。

定义 3.15：行为模型 给定主体集 A 和原子命题集 P,令 $\mathcal{L}$ 是任意的模态逻辑语言。一个 $\mathcal{S}5$ 行为模型 $\mathcal{M}$ 是一个结构 $(\mathcal{A},\sim,\mathrm{Pre})$,$\mathcal{A}$ 是行为的域或者说行为集,对每一个主体 $a\in A$,$\sim_a$ 是在 $\mathcal{A}$ 上的等价关系,使得 $\mathrm{Pre}:\mathcal{A}\to\mathcal{L}$ 是对每一个行为 $\delta\in\mathcal{A}$ 的前提条件的函数,指派一个前提条件 $\mathrm{Pre}(\delta)\in\mathcal{L}$。一个指定的 $\mathcal{S}5$ 行为模型是一个结构 $(\mathcal{M},\delta)(\delta\in\mathcal{A})$(在表示行为模型时常常省略 $\mathcal{S}5$)。

定义 3.16：行为模型逻辑的语法 给定主体集 A 和原子命题集 P,令 $\mathcal{L}_\otimes$ 是任意的行为模型逻辑语言,用 BNF 表示为

$$\varphi::=\bot\mid p\mid\neg\varphi\mid\varphi\vee\varphi\mid\mathrm{K}_a\varphi\mid\mathrm{C}_B\varphi\mid[\alpha]\psi$$
$$\alpha::=(\mathcal{M},\delta)\mid\alpha\vee\alpha$$

当 $B\subseteq A$ 和 $a\in A,p\in P,\delta\in\mathcal{A}$,$(\mathcal{M},\delta)$ 是点行为模型。$\alpha\vee\alpha$ 表示行为的选择。

定义 3.17：行为模型逻辑 $\mathcal{L}_\otimes$ 的语义 对原子命题集 P 和主体集 A,给定一个模型 $\mathfrak{M}=(W,R,V)$ 且状态 $w\in W$,有认知状态 $(\mathfrak{M},w)$,行为模型 $M=(\mathcal{A},\sim,\mathrm{Pre})$,$\alpha$ 是行为,φ 是公式。行为模型逻辑 $\mathcal{L}_\otimes$ 语义归纳定义如下：

$\mathfrak{M},w\vDash\bot$	当且仅当 $\mathfrak{M},w\nvDash\top$;
$\mathfrak{M},w\vDash p$	当且仅当 $w\in V(p)$;
$\mathfrak{M},w\vDash\neg\varphi$	当且仅当 $\mathfrak{M},w\nvDash\varphi$;

$\mathfrak{M}, w \vDash \varphi \vee \psi$	当且仅当 $\mathfrak{M}, w \vDash \varphi$ 或者 $\mathfrak{M}, w \vDash \psi$;
$\mathfrak{M}, w \vDash K_a \varphi$	当且仅当对任意一个 $w' \in W$, 如果 $R_a w w'$, 则 $\mathfrak{M}, w' \vDash \varphi$;
$\mathfrak{M}, w \vDash C_B \varphi$	当且仅当对任意一个 $w' \in W$, 如果 $R_B w w'$, 则 $\mathfrak{M}, w' \vDash \varphi$;
$\mathfrak{M}, w \vDash [\alpha]\psi$	当且仅当对所有的 $\mathfrak{M}', w'$, 如果 $(\mathfrak{M}, w)|\alpha|(\mathfrak{M}', w')$, 则 $\mathfrak{M}', w' \vDash \psi$;
$(\mathfrak{M}, w)|\mathfrak{M}, \delta|(\mathfrak{M}', w')$	当且仅当 $\mathfrak{M}, w \vDash Pre(\delta)$ 和 $(\mathfrak{M}', w') = (\mathfrak{M} \otimes M, (w, \delta))$;

$$|\alpha \vee \beta| = |\alpha| \vee |\beta|$$

Pre(δ) 表示执行动作 δ 的前提条件。$|\alpha|$ 表示动作 α 可执行。

在这里行为的执行是一个积更新, 是一个点模型到点模型的映射。积更新后结果模型中的世界是世界与行为对。

$\mathfrak{M}' = (\mathfrak{M} \otimes M)$ 是认知模型和行为模型的限制积, $\mathfrak{M}' = (W', R', V')$ 有

$W' = \{(w, \delta) | w \in W, \delta \in \mathcal{A},$ 和 $\mathfrak{M}, w \vDash Pre(\delta)\}$;

$(w, \delta) \sim'_a (w', \delta')$ 当且仅当 $w \sim_a w'$ 和 $\delta \sim_a \delta'$;

$(w, \delta) \in V'(p)$ 当且仅当 $w \in V(p)$。

在结果模型中, 一个主体不能区分两个世界, 当且仅当在这之前它就不能区分这两个世界以及在这两个世界执行的两个不同的行为。

3.3.6 非单调逻辑

认知推理在计算机科学以及人工智能中有许多重要的应用。传统的推理, 主要指演绎推理和完全归纳推理还有单调的模态逻辑推理等, 它们都具有一条很重要的性质——单调性。在单调推理方法中, 都是基于一个重要的假设: 主体总是记得它之前的知识。推理的单调性是, 增加任何新的前提都不会推翻已经得出的结论形式化为, 若 $\Gamma \vdash \varphi$, 则 $\Gamma, \psi \vdash \varphi$。这里 Γ 表示任意公式集, ψ、φ 是任意公式, 意思是说: 若 Γ 能够推出 φ, 当增加新的前提 ψ 时, 结论 φ 仍然成立。推广而言, 一旦一个结论得出, 那么它总是有效的, 即使增加新的信息。单调认知逻辑应用在密码协议中, 表示当主体知道某消息后它将一直知道, 不管后面它的信息增加多少它也不会丢失这些消息。在这种逻辑下, 主体知道某知识就不会失去, 也就是说, 主体拥有的知识总是单调增加的。事实上, 在现实生活中, 主体的知识可能具有非单调性, 例如在文献[84]中阐明了在一个论辩系统中有可废止理论, 那么就要采用非单调推理。由于主体的知识、接收的信息、拥

有资源的动态性以及多主体的交互的动态性,论辩系统是非单调的形式系统。

在有些网络协议中,需要主体用完某密钥就删除,例如在一次一密的会话中,一次会话用一个密钥,在后面的会话中,主体将使用新的密钥,不再拥有前面的密钥。又如,在一个进程的开始拥有某个消息,但后来该消息被删除,这时进程主体将不再拥有该消息,或者说一个主体没有足够的存储空间去记住拥有的所有知识,而不得不将用过的某些知识丢弃。这时候就需要用非单调逻辑描述。知道的非单调性在 Rubin 逻辑[154]中有讲述。非单调逻辑中允许知识的"忘记"。这是在单调逻辑中无法表达的。Moser 逻辑[155]用谓词 unless 表达了相信的非单调性,Rubin 逻辑用 forget 行为表达了知道的非单调性。forget 理论最早由文献[156]在经典命题逻辑中提出的。忘记一个命题符号意味着重置语言,以便原本包含那个符号的所有公式不再包含那个符号,并且保留尽可能多的其他的信息。forget 理论已经被证明在很多应用领域是非常有用的,诸如知识的更新与修正、协商中的冲突解决等。在人工智能中,广泛地使用扩展的逻辑程序[157]来模式化知识表示的问题,又用此逻辑程序来研究如何应用忘记理论来解决实际问题。文献[158]就应用并拓展了这些理论形成一个新的 forget 理论来放弃一些文本。这个新方法是将两个新的符号"⊤"(true)与"⊥"(false)引入到逻辑程序中,放弃的文本根据环境将用"⊤"(true)或"⊥"(false)替换,基于这两个符号在扩展逻辑中的语义,文章增加了一些新的规则到原有方法的规则中。该新方法保证了每个主体的分离程序数量未改变,而且除了放弃的文本,每个主体选择的需求未改变。在非单调认知逻辑中,forget 是一个重要的行为,拟采用这一行为来分析具有知识非单调的密码协议,沿用文献[159]的思想,忘记一个知识并不影响主体拥有的其他知识。

3.4 时态认知逻辑

认知不是一成不变的,前面介绍了行为产生的认知变化以及逻辑表示。在现实生活中,有些领域的知识依赖于时间的变化,这时就需要能表示时态的逻辑进行刻画。在语言学和哲学背景下产生的时态逻辑在计算机科学与人工智能中已被广泛应用。例如,对程序执行进程的描述会涉及随时间渐变的推理、语义的模型检测与语形推理、为机器人完成一些常识推理的智能任务而进行的推理等。

3.4.1 时态逻辑

A. Prior 在 20 世纪 50 年代便开始发展时态逻辑。从此时态逻辑作为一个独立的研究领域发展起来。英语中有一般现在时、过去时、将来时 3 种基本时态,它们可以描述时间上不定的事情;在汉语中是用时间副词"现在""过去""将来"修饰动词的办法组成时间上不定的语句。在逻辑系统中如何将认知的时态性体现出来呢?为了把时态语句形式化,需要引进两个时态算子:F 代表将来时态算子,P 代表过去时态算子。基本时态逻辑系统 Kt 用 p、q、r 和 s 表示原子命题,用 A、B、C、D 表示时态公式,基本时态逻辑语言定义如下。

定义 3.18:基本时态命题逻辑语言 $\mathcal{L}_{Kt}$ 令 P 为命题变元集,基本时态命题逻辑语言 $\mathcal{L}_{Kt}$ 归纳定义如下:

$$A ::= p \mid \neg A \mid (A \wedge B) \mid \quad PA \mid FA$$

其中,$p \in P$。PA 表示"在过去的某个时间 A 是真的"。FA 表示"在将来的某个时间 A 是真的"。时态算子 PA、FA 的对偶算子为 GA、HA 定义如下:

$$GA := \neg F \neg A \quad HA := \neg P \neg A$$

时态命题逻辑语言的语义仍然是基于框架与模型的。所以在定义语义之前给出其框架与模型的定义。

定义 3.19:基本时态框架 时态框架 F $=(T, <)$ 是一个二元组:

(1) T 是时间点的非空集合;

(2) $<$ 是 T 上的反自返和传递关系。

其中,"$<$"表示时间点上早于或晚于关系,例如任意两个时间点 t、u 且 $t < u$ 表示时间 t 早于时间 u 或时间 u 晚于时间 t。这里早于和晚于是互逆关系。$<$ 是反自返的,即不存在时间点是它自身的过去或将来,传递关系是说如果 $t < u$ 且 $u < v$,则 $t < v$。

定义 3.20:时态模型 时态模型 $\mathfrak{M} = (T, <, \rho)$ 是一个三元组,其中 $(T, <)$ 是一个时态框架,ρ 是一个指派函数,给时间 T 的每个时间点 t 指派一个命题集 $\rho(t) \subseteq P$,该命题集中的命题在时间点 t 上都为真。

定义 3.21:基本时态逻辑 $\mathcal{L}_{Kt}$ 的语义 给定时态模型 $\mathfrak{M} = (T, <, \rho)$,任意公式 $A \in \mathcal{L}_{Kt}$,公式 A 在模型 $\mathfrak{M}$ 中的时间点 t 上为真,记作 $\mathfrak{M}, t \vDash A$,它的语义归纳定义如下:

$\mathfrak{M}, t \vDash p$ 当且仅当 $p \in \rho(t)$;

$\mathfrak{M}, t \vDash \neg A$ 当且仅当 $\mathfrak{M}, t \nvDash A$;

$\mathfrak{M},t\vDash(A\wedge B)$ 当且仅当 $\mathfrak{M},t\vDash A$ 且 $\mathfrak{M},t\vDash B$；

$\mathfrak{M},t\vDash PA$ 当且仅当存在 $u\in T,u<t,\mathfrak{M},u\vDash A$；

$\mathfrak{M},t\vDash FA$ 当且仅当存在 $u\in T,t<u,\mathfrak{M},u\vDash A$。

有模型 $\mathfrak{M}=(T,<,\rho)$，其中 $(T,<)\in\kappa,\kappa$ 是时态框架类，若其中的每个时间点 $t\in T$，都有 $\mathfrak{M},t\vDash A$，则称公式 A 在时态框架类上有效，记作 $\kappa\vDash A$。不同的时态框架类有不同的有效公式集。

基本的时态命题逻辑的公理系统 K_t 由以下公理和推理规则组成：

$A0$ 经典命题逻辑的重言式

$A11$ $G(p\rightarrow q)\rightarrow(Gp\rightarrow Gq)$

$A12$ $H(p\rightarrow q)\rightarrow(Hp\rightarrow Hq)$

$A21$ $p\rightarrow GPp$

$A22$ $p\rightarrow HFp$

$A31$ $Hp\rightarrow HHp$

$A32$ $Gp\rightarrow GGp$

系统 K_t 的时态化规则：从 A 可以得到 HA 和 GA。

3.4.2 时态认知逻辑概述

人们对世界的认识总是随着时间的变化而变化的，拥有的知识也是在不断积累与更新的。对一个认知主体来说，认知活动是随时随地进行的，掌握的知识也是随时间变化的。如果一个主体的知识不能与时俱进，那么他拥有的知识终将因为陈旧而不再适用，在今天这个知识爆炸、瞬息万变的信息化时代更是如此。

在认知逻辑中引入时态算子 P、F 描述知识的时态特性，就形成时态认知逻辑。时态认知逻辑在人工智能专家系统、时态知识库设计、数据库设计、规划问题、信息安全等许多研究领域有着广泛的应用。下面对时态逻辑给出其归纳定义。

定义 3.22：基本时态认知逻辑语言 $\mathcal{L}_{Kt}(S5)$ 语言的语法可以归纳定义如下：

$$\varphi::=p\mid\neg\varphi\mid(\varphi\wedge\psi)\mid\quad P\varphi\mid F\varphi$$

由以上定义得到时态认知逻辑（temporal epistemic logic，TEL）语言公式，称为 TEL 公式，描述了主体知识随时间变化的特性。采用上面的时态框架，给出时态认知逻辑的语义。

定义 3.23：基本时态认知逻辑语言 $\mathcal{L}_{Kt}(s5)$ 语言的语义可以归纳定义

如下。

时态认知模型是一个三元组 $\mathfrak{M}_{\text{TEL}} = (T, <, \rho)$，任意公式 $\varphi \in \mathcal{L}_{\text{Kt}}(s5)$，公式 φ 在模型 $\mathfrak{M}_{\text{TEL}}$ 中的时间点 t 上为真，记作 $\mathfrak{M}_{\text{TEL}}, t \vDash \varphi$，它的语义归纳定义如下：

$\mathfrak{M}_{\text{TEL}}, t \vDash p$ 当且仅当 $p \in \rho(t)$；

$\mathfrak{M}_{\text{TEL}}, t \vDash \neg \varphi$ 当且仅当 $\mathfrak{M}_{\text{TEL}}, t \nvDash \varphi$；

$\mathfrak{M}_{\text{TEL}}, t \vDash (\varphi \wedge \psi)$ 当且仅当 $\mathfrak{M}_{\text{TEL}}, t \vDash \varphi$ 且 $\mathfrak{M}_{\text{TEL}}, t \vDash \psi$；

$\mathfrak{M}_{\text{TEL}}, t \vDash \text{P}\varphi$ 当且仅当存在 $u \in T, u < t, \mathfrak{M}_{\text{TEL}}, u \vDash \varphi$；

$\mathfrak{M}_{\text{TEL}}, t \vDash \text{F}\varphi$ 当且仅当存在 $u \in T, t < u, \mathfrak{M}_{\text{TEL}}, u \vDash \varphi$。

如果对每个时间点 $t \in T$，都有 $\mathfrak{M}_{\text{TEL}}, t \vDash \varphi$，则称公式 φ 在 $\mathfrak{M}_{\text{TEL}}$ 中为真，记作 $\mathfrak{M}_{\text{TEL}} \vDash \varphi$。如果 φ 在所有的模型中都为真，则称 φ 是有效的，记作 $\vDash \varphi$。如果对所有的模型 $\mathfrak{M}_{\text{TEL}}$ 且在每个时间点 $t \in T$，$\mathfrak{M}_{\text{TEL}}, t \vDash \varphi$，都蕴含 $\mathfrak{M}_{\text{TEL}}, t \vDash \psi$，则称 ψ 是 φ 的后承，记作 $\varphi \vDash \psi$。

3.5 本章小结

本章介绍了动态认知逻辑的理论基础以及基本的知识要点。首先从命题逻辑讲起，然后讲了模态逻辑，动态认知逻辑属于模态逻辑家族，认知逻辑旨在描述由认知行为、公开宣告等引起主体知识的变化，对群体知识、公开宣告、认知行为、行为模型，以及知识非单调的基础知识做了简要介绍。认知逻辑能对这些行为引起知识的变化用一套形式化的方法表示。密码协议中主体的信息发送会引起知识的变化，恰好可以用动态认知逻辑进行协议描述。主体的知识也可随时间的变化而变化，这类情况可用时态认知逻辑来表示，本章将时态认知逻辑也进行了简要介绍。

第二部分

认知逻辑在密码协议分析中的具体应用

第 4 章

基于认知行为的密码协议分析

本章用前面的知识来分析一个具体的密码协议。在分析之前,给出一些密码协议中的一些基本要素如何用逻辑表示,然后再用认知行为等知识来详细分析。

4.1 密码协议实例描述

这个协议的目标是两个只有自己密钥的主体想要在一个不安全的信道中传送一个秘密,传送结束后,这个秘密只能是这两个主体知道,其他主体不可以知道。协议描述如下。

有两个主体甲(a)和乙(b)想要通过网络来传递一个秘密信息。首先,假定甲是唯一知道重要秘密的人,例如"特朗普将要当选总统",假定这一秘密用 p 来表示,$\neg p$ 表示"特朗普不会当选总统"。甲(a)和乙(b)都有各自的加密密钥,分别为 k_a 和 k_b。在这个协议中,加密可以是对称加密也可以是非对称加密,也就是说,他们也可以有一对公钥和私钥。但任何人都只能解密自己加密的数据。假定甲和乙很诚实并能在协议运行中遵循协议规定,这个网络通道不安全。攻击者丙(c)可以窃听所有的通信数据。假设外部攻击者丙(c)是一个弱的入侵者。除了偷听,丙什么都做不了,尤其是解密数据,因为他没有解密密钥。

本协议的过程如下:

第 1 步,甲用自己的密钥 k_a 加密秘密 p 或 $\neg p$,然后发送给乙。

第 2 步,收到信息后,乙用他自己的密钥 k_b 对其进行加密,然后发送给甲。

第 3 步,接收信息后,甲解密并发送给乙。乙收到消息后就可以解密了,从而得到秘密。

到目前为止,发送操作结束。乙可以得到秘密 p 或 $\neg p$。在这个协议中,使用的加解密是可交换的,即$\{\{m\}_{k_a}\}_{k_b}=\{\{m\}_{k_b}\}_{k_a}$,表示消息$m$用$k_a$加密后再用$k_b$加密等于消息$m$用$k_b$加密后再用$k_a$加密。在分析这个协议之前,先介绍协议中的消息的定义以及描述。

4.2 协议中的消息表示

定义 4.1:消息集M　在密码协议中,涉及的所有消息的集合用M表示。任意消息m可以是主体a的名称,也可以是随机的数字n或密钥k,也可以是加密数据或其联结,将其定义为

$$m::=a\mid n\mid k\mid m_k\mid (m,m)$$

其中,$m\in M$,m_k表示用密钥k加密消息m即$\{m\}_k$,(m,m)表示两条消息的联结。

如果一个主体同时拥有消息m和密钥k,那么可以构造$\{m\}_k$。为了表达的简洁性,通常写作m_k,在密码学中的构造规则有

$$\frac{m\ k}{m_k}\quad \frac{m_k\ k}{m}\quad \frac{mm'}{(m,m')}\quad \frac{(m,m')}{m}\quad \frac{(m,m')}{m'}$$

在上面的表达中,横线上面表示构造条件,横线下面表示根据上面的条件可以得到的结果。例如,如果主体拥有m_k和k,则可以解密m_k,从而得到m。如果他有两个消息m和m',那么可以将其串联起来,如果他拥有一个级联消息,那么他可以得到其中的任何一个消息。

4.3 协议的逻辑语言

要分析协议就要对协议进行逻辑表示,从这个意义上来说,逻辑表示即逻辑分析。先给出该协议的逻辑语言$\mathcal{L}_C(A,P)$,这里的 C 表示密码学cryptography,A 表示主体集,P 表示原子命题集。动态认知行为将被增加到语言中,首先给出语法。

定义 4.2:协议的逻辑语言的语法　给定原子命题集 P 和主体集 A,该逻辑语言$\mathcal{L}_C(A,P)$由公式$\mathcal{L}_C^{\text{stat}}(A,P)$和行为$\mathcal{L}_C^{\text{act}}(A,P)$构成。语法的巴克斯-诺尔范式(Backus-Naur form,BNF)表示如下:

$$\phi::=\bot\mid p\mid \neg\phi\mid (\phi\wedge\phi)\mid K_a\phi\mid C_B\phi\mid [\sigma]\phi$$

$$\sigma::=S_a p\mid (\sigma;\sigma)\mid (\sigma\vee\sigma)$$

其中,$p\in P$,$a\in A$,$B\subseteq A$。在上面的公式中,变量$\phi\in\mathcal{L}_C^{\text{stat}}(A,P)$,$\sigma\in\mathcal{L}_C^{\text{act}}(A,$

P)。stat 表示静态公式,act 表示动态行为。$C_B\phi$ 表示 ϕ 在 B 中是公共知识。当 σ 表示行为,ϕ 是一个公式,$[\sigma]\phi$ 表示行为 σ 执行后,ϕ 成立。行为 S 代表发送,$S_a p$ 表示主体 a 发送了 p。$[S_a p]\phi$ 表示主体 a 发送了 p 后,ϕ 成立。行为 $[\sigma;\sigma']$ 表示行为的顺序执行,即先执行 σ 再执行 σ'。$[\sigma;\sigma']\neq[\sigma';\sigma]$,因为行为以不同的顺序执行会导致不同的结果。$(\sigma\vee\sigma')$ 表示行为在 σ 和 σ' 之间的不确定的选择。在给出语义之前给一个定义。

定义 4.3:前提条件　一个认知行为的执行是需要一个前提条件(precondition)的,一个状态首先要满足一定的前提条件,行为才能在这个状态被执行。本协议中行为的前提条件为

$$\mathrm{Pre}(S_a p) = \mathrm{K}_a p$$
$$\mathrm{Pre}(\sigma;\sigma') = \mathrm{Pre}(\sigma) \wedge [\sigma]\mathrm{Pre}(\sigma')$$
$$\mathrm{Pre}(\sigma \vee \sigma') = \mathrm{Pre}(\sigma) \vee \mathrm{Pre}(\sigma')$$

上述条件表示如果 a 要发送 p,前提是 a 要知道 p;要顺序执行$(\sigma;\sigma')$得首先满足执行 σ 的前提并且满足 σ 执行后行为 σ' 的前提成立。选择执行$(\sigma\vee\sigma')$,在一个状态要选择执行这两个动作,这个状态要满足 σ 或 σ' 的前提。

逻辑语言 $\mathcal{L}_C(A,P)$ 强调多主体的认知逻辑,属于 $\mathcal{S}5$ 系统。因为 $\mathcal{S}5$ 系统的关系都是等价关系,所以写作模型 $\mathfrak{M}=(W,\sim,V)$,其中"$\sim$"表示等价关系 R。

应用群(group)$\mathrm{gr}(\mathfrak{M})=A$ 来描述多主体的模型 $\mathfrak{M}$ 的主体集,换句话说,模型 $\mathfrak{M}$ 的主体集是 A。前面介绍的互模拟和状态等价概念在这里仍然适用。

定义 4.4:协议的逻辑语言 $\mathcal{L}_C(A,P)$ 的语义　给定原子命题集 P 和主体集 A,令模型 $\mathfrak{M}=(W,\sim,V)$ 且状态 $w\in W$,$\mathfrak{M}\in\mathcal{S}5$。公式 $\mathcal{L}_C^{\mathrm{stat}}(A,P)$ 和行为 $\mathcal{L}_C^{\mathrm{act}}(A,P)$ 的语义定义如下:

$\mathfrak{M},w\vDash\bot$	当且仅当 $\mathfrak{M},w\nvDash\top$;
$\mathfrak{M},w\vDash p$	当且仅当 $w\in V(p)$;
$\mathfrak{M},w\vDash\neg\phi$	当且仅当 $\mathfrak{M},w\nvDash\phi$;
$\mathfrak{M},w\vDash\phi\vee\psi$	当且仅当 $\mathfrak{M},w\vDash\phi$ 或者 $\mathfrak{M},w\vDash\psi$;
$\mathfrak{M},w\vDash\mathrm{K}_a\phi$	当且仅当对任意一个 $w'\in W$,如果 $w\sim_a w'$,则 $\mathfrak{M},w'\vDash\phi$;
$\mathfrak{M},w\vDash\mathrm{C}_B\phi$	当且仅当对任意一个 $w'\in W$,如果 $w\sim_B w'$,则 $\mathfrak{M},w'\vDash\phi$;
$\mathfrak{M},w\vDash[\sigma]\phi$	当且仅当如果 $\mathfrak{M},w\vDash\mathrm{Pre}(\sigma)$ 和对所有的 $\mathfrak{M}',w':(\mathfrak{M},w)\lvert\sigma\rvert(\mathfrak{M}',w')$,则 $\mathfrak{M}',w'\vDash\phi$;
$\mathfrak{M},w\vDash[S_a p]\phi$	当且仅当对所有的 $\mathfrak{M}',w'$,如果 $\mathfrak{M},w\vDash\mathrm{Pre}(S_a p)$

和 $(\mathcal{M},w)|S_a p|(\mathcal{M}',w')$，则 $\mathcal{M}',w' \vDash \phi$。

$$|\sigma;\sigma'| = |\sigma| \circ |\sigma'|$$

$$|\sigma \vee \sigma'| = |\sigma| \vee |\sigma'|$$

其中参数含义如下。

$\mathrm{Pre}(S_a p)$ 表示主体 a 发送 p 的前提条件。前面定义了 $\mathrm{Pre}(S_a p) = K_a p$。

$|\sigma|$ 表示认知行为 σ 是可执行的。

$(\mathcal{M},w)|\sigma|$ 表示在状态 $(\mathcal{M},w)$ 认知行为 σ 可执行。

$(\sigma;\sigma')$ 表示 σ 与 σ' 顺序执行。

"。"表示顺序,先执行 σ,再执行 σ'。

$(\sigma \vee \sigma')$ 表示 σ 与 σ' 选择执行。

语义的性质如下:

$$|(\sigma \vee \sigma') \vee \sigma''| = |\sigma \vee (\sigma' \vee \sigma'')| \qquad (4\text{-}1)$$

$$|(\sigma \vee \sigma');\sigma''| = |(\sigma;\sigma'') \vee (\sigma';\sigma'')| \qquad (4\text{-}2)$$

证明:根据逻辑或的结合律性质 4-1 是显然成立的。这里只证性质 4-2。

$$|(\sigma \vee \sigma');\sigma''| = |(\sigma \vee \sigma') \circ \sigma''|$$
$$= (|\sigma| \circ |\sigma''|) \vee (|\sigma'| \circ |\sigma''|)$$
$$= |(\sigma;\sigma'') \vee (\sigma';\sigma'')|$$

定理 4.1:若一个主体不能区分两个结果状态,则它们的原始状态对该主体也是不能区分的。

形式化为,假定 $(\mathcal{M},w)|\sigma|(\mathcal{M}',w')$ 和 $(\mathcal{M},u)|\sigma|(\mathcal{M}'',u'')$,并且 $a \in \mathrm{gr}(\mathcal{M}') \bigcup \mathrm{gr}(\mathcal{M}'')$。若 $(\mathcal{M}',w') \sim_a (\mathcal{M}'',u'')$,则 $w \sim_a u$。

证明:根据行为语义,而且 $(\mathcal{M}',w') \sim_a (\mathcal{M}'',u'')$,这两个状态是对 a 等价的,这个可及关系的构建是因为它们的原始状态 $(\mathcal{M},w)$ 和 $(\mathcal{M},u)$ 对主体 a 是不可区分的,因此, $w \sim_a u$。

4.4 更新函数

在认知逻辑中,认知模型的更新是由于认知行为的执行,行为执行带来认知变化。在密码协议中,由于主体可以根据他拥有的消息来构造新的消息(前面给出了构造规则),新的消息也是认知的变化,这个变化规则用更新函数来描述。由于这个实例是在不安全的网络中,参与协议的主体包括攻击者都可以得到网络中发送的数据。所以这个发送行为就类似于广播了,在认知逻辑中也相当于公开宣告。

假定 $\mathcal{M}$ 表示消息集，群 $\mathrm{gr}(\mathcal{M}) \subseteq A$ 表示拥有消息 $\mathcal{M}$ 的主体集，变量 x 表示任意一个消息，I_a 表示主体 a 拥有的信息集。根据消息的构造规则，更新函数定义如下。

$\mathrm{UPDATE}[\mathcal{M}, \mathrm{gr}(\mathcal{M})]$

if $\mathcal{M} = \varnothing$, return;

if $\mathcal{M} = x$, $x \in I_{\mathrm{gr}(x)}$, then $\mathrm{gr}(x) := \mathrm{gr}(x) \bigcup \mathrm{gr}(\mathcal{M})$, return;

if $\mathcal{M} = m_k$, $k \in I_{\mathrm{gr}(k)}$, then $\mathrm{UPDATE}[m, \mathrm{gr}(k) \bigcap \mathrm{gr}(\mathcal{M})]$, return;

if $\mathcal{M} = (m, m')$, then $\mathrm{UPDATE}[m, \mathrm{gr}(\mathcal{M})]$; $\mathrm{UPDATE}[m', \mathrm{gr}(\mathcal{M})]$, return; end。

UPDATE 是递归调用的算法。符号"$\varnothing$"表示空集。如果 $\mathcal{M}$ 为空，程序直接返回。根据消息的类型，如果传递的消息是明文，那么消息 x 的拥有者是原消息 x 的拥有者和新得到消息 x 的主体集的并集，这一条也适用于没有相应解密密钥的密文的接收者。因为此网络是不安全的，只要有信息发送，网络中所有主体都可以获得该信息，但是如果没有相应的解密密钥，则只能得到这个密文。当一个密文 m_k 被发送后，根据消息构造规则，消息明文 m 增加到消息 m_k 的接收者与拥有相应的 k 的拥有者的交集的主体的信息集。当一个级联消息 (m, m') 被发送后，这两个消息都增加到所有接收到这个级联消息的主体的信息集。在后面的分析中，将应用这个更新函数。

4.5 协议分析

根据协议，在初始状态，甲 (a) 拥有的信息是秘密 p 和密钥 k_a，乙 (b) 拥有的信息是密钥 k_b，攻击者丙 (c) 什么也没有，I_a 表示 a 的信息集，I_b 表示 b 的信息集，I_c 表示 c 的信息集，于是可以得到 $I_a = \{p, k_a\}$，$I_b = \{k_b\}$，$I_c = \varnothing$。若用 Crypto 表示模型名称。在本协议中主体集 $A = \{a, b, c\}$，原子命题集 $P = \{p, p_a, p_{ab}, p_b\}$。在这个场景中，$a$、$b$、$c$ 的公共知识是只有 a 才知道秘密是 p 还是 $\neg p$。事实上 a 知道秘密是 p。这里用感叹号来标明事实，形式化为

$$C_{abc}(!\mathrm{K}_a p \vee \mathrm{K}_a \neg p)$$

这个初始状态用克里普克模型来表示如图 4.1 所示。

图 4.1 密码协议的初始状态

图 4.1 可以解释为 a、b 和 c 知道或者 a 知道 p，或者 a 知道 $\neg p$，事实上 a 知道 p，用下画线标明事实状态。用"。"表示状态 0，用"·"表示状态 1，通常情况下，在状态 1 表示事实（用下画线标明），在状态 0 表示这个事实的否定。

根据协议，a 用自己的密钥 k_a 加密 p 或者 $\neg p$，然后发送给 b。这符合密码学构造规则。因为 a 有 p 和 k_a，因此可以构造 $\{p\}_{k_a}$，为了表达简便，用 p_a 表示 $\{p\}_{k_a}$，$\neg p_a$ 表示 $\{\neg p\}_{k_a}$。因为状态 1 满足 p，所以这时 a 在状态 1 是知道 p_a 的，这满足发送的前提条件，从而 a 发送 p_a 只能在状态 1 发生，而发送 $\neg p_a$ 只能在状态 0 发生。

这里用 S 表示发送行为，$S_a p_a$ 表示 a 发送 p_a。在 a 发送 p_a 后，应用更新函数，系统中所有主体的信息集更新为 $I_a = \{p, k_a, p_a\}$，$I_b = \{k_b, p_a\}$，$I_c = \{p_a\}$。也就是说，a、b 和 c 都有了加密数据 p_a，由于三者都没有相应的密钥，所以 b 和 c 仍然不知道自己收到的是 p_a 还是 $\neg p_a$。这个行为描述如图 4.2 所示。

图 4.2　a 发送了 p_a 后

图 4.2 表明，b、c 不能区分 a 发送了 p_a 还是 $\neg p_a$，事实上 a 发送了 p_a。也就是说，只有 a 知道已发送了 p_a。

在收到消息之后，根据协议，b 用自己的密钥 k_b 再加密 p_a 后得到 p_{ab} 并发送给 a。同样地，c 也可以得到这个消息。但是 b 仍然不知道加密的是 p_a 还是 $\neg p_a$，也不知道发送的是 p_{ab} 还是 $\neg p_{ab}$，只有 a 知道其发送的是 p_{ab} 还是 $\neg p_{ab}$。这就是密码学里特有的特点，一个加密数据可以被操作，但操作者并不知道原始数据的真实值。

由于前提条件的关系，b 发送 p_{ab} 仍然只能在状态 1 发生，如果发送 $\neg p_{ab}$ 只能在状态 0 发生。这一步模型图如图 4.3 所示。这时，他们的信息集变为 $I_a = \{p, k_a, p_a, p_{ab}\}$，$I_b = \{k_b, p_a, p_{ab}\}$，$I_c = \{p_a, p_{ab}\}$。

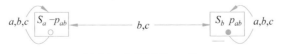

图 4.3　b 发送了 p_{ab} 后

收到 b 发送的消息后，a 解密 p_{ab} 得到 p_b 并发送给 b，这符合构造规则，根据更新函数，他们的信息集更新为 $I_a = \{p, k_a, p_a, p_{ab}, p_b\}$，$I_b = \{k_b, p_a, p_{ab},$

$p_b\}, I_c = \{p_a, p_{ab}, p_b\}$。$b$ 收到后，并不知道是 p_b 还是 $\neg p_b$，根据协议解密后，得到了 p。这符合构造规则和更新函数，最后他们的信息集为 $I_a = \{p, k_a, p_a, p_{ab}, p_b\}, I_b = \{k_b, p_a, p_{ab}, p_b, p\}, I_c = \{p_a, p_{ab}, p_b\}$。因此，协议运行结束后，$a$ 和 b 知道秘密 p，而攻击者 c 不知道。最后的结果状态可以表示为以下形式：

$$C_{abc}(!K_{ab}p \vee K_{ab}\neg p)$$

这个结果状态表示如图 4.4 所示。

图 4.4 协议完成后的结果状态，只有 c 不知道 p

最终，这个秘密从 a 传给了 b，而外面的攻击者 c 不知道。

这个密码协议的认知模型称为 Crypto。图 4.2 表示认知状态（Crypto，1）。可以看到或者 $S_a p_a$ 被执行或者 $S_a \neg p_a$ 被执行，事实上 $S_a p_a$ 被执行，表示为 $(!S_a p_a \vee S_a \neg p_a)$，仅仅前者才能被执行，这仅在（Crypto，1）成立。在图 4.2 中，这两个状态对 a 没有可及关系，构造 K_{abc} 的作用，旨在表明

$$(\text{Crypto}, 1)|S_a p_a| \sim_{bc} (\text{Crypto}, 0)|S_a \neg p_a|$$

（Crypto，1）和（Crypto，0）这两个状态对 a 来说是可以区分的，也就是

$$(\text{Crypto}, 1)|S_a p_a| \not\sim_a (\text{Crypto}, 0)|S_a \neg p_a|$$

根据之前的说明在（Crypto，1）$|S_a p_a|$ 处 p_a 是真的，在（Crypto，0）$|S_a \neg p_a|$ 处 p_a 是假的，在执行 $[!S_a p_a \vee S_a \neg p_a]$ 后，结果模型是状态（Crypto，1）$|S_a p_a|$，在图 4.2 中以下画线直观地表明。

观察图 4.3 可知，只有 c 对这两个状态有可及关系，即

$$(\text{Crypto}, 1)(p) \sim_c (\text{Crypto}, 0)(\neg p)$$

这两个状态对 c 来说不可区分，但对 a 和 b 来说没有可及关系：

$$(\text{Crypto}, 1)(p) \not\sim_{ab} (\text{Crypto}, 0)(\neg p)$$

所以 a 和 b 是知道 p 的值的。

协议的运行过程中认知的变化情况如图 4.5 所示。

从图 4.5 可以看到，在第 4 个模型中，b 和 c 不能区分这两个状态。最后 b 解密了 p_b 从而知道了 p。而且从各自拥有的信息集来看，c 所有的消息都是加密数据，他没有相应的密钥，所以不可能构造 p，他就不可能知道 p。

因此，在这些行为（$S_a p_a; S_b p_{ab}; S_a p_b$）执行后，以下公式成立

$$C_{abc}(!K_{ab}p \vee K_{ab}\neg p) \wedge \neg K_c p$$

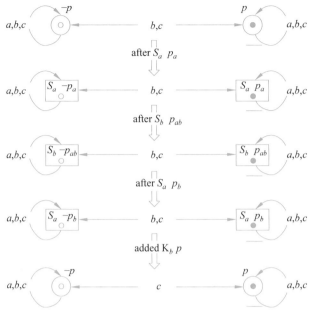

图 4.5　协议的整个运行过程中认知的变化情况

也就是说,在协议所有行为执行后,甲(a)和乙(b)知道秘密 p,这是公共知识,而攻击者丙(c)不知道这个秘密。所以这个协议是安全的。

4.6　本章小结

本章对一个具体的密码协议用动态认知逻辑进行了分析。首先对实例描述,根据实例,构造了用于描述该实例的动态认知逻辑语言及语法和语义。这个语言由静态公式和动态行为组成。语义是用克里普克模型来描述的,给出了协议运行过程中可能的认知行为。通过认知行为引起主体知识的变化,更新函数说明了主体的知识根据密码学构造规则的变化。详细分析了协议的整个运行过程中各主体的知识变化情况。这种分析方法的最大优点是简洁和直观,仅仅通过认知行为和密码学的构造规则来更新知识,没有复杂理论来描述协议。分析的结果表明,这个协议是满足安全要求的。

第 5 章

基于行为模型的密码协议验证

本章用行为模型(action model)来扩展认知逻辑以构建语言来描述并验证密码协议。本章还是采用第 4 章的实例作为分析验证的例子。

5.1 协议的语言 $\mathcal{L}_{\text{Cryp}}^{A,B}$

本节用行为模型来描述这个实例,令语言为 $\mathcal{L}_{\text{Cryp}}^{A,B}$,其中 Cryp 表示密码学(cryptography),A 是协议全体主体集,$B \subseteq A$ 是主体集中一个子集,表示在认知状态中将被分析的参与这个协议的主体。这个语言中的命题由 has、const、tg 构成,has 表示主体拥有的消息,const 表示主体可以从自身的信息集构造的消息,tg 表示为密码协议中已经完成的行为做标记。用 $\mathcal{A}$ 表示行为集。

5.1.1 协议语言 $\mathcal{L}_{\text{Cryp}}^{A,B}$ 的语法

本章对协议中的消息集 M 的定义沿用定义 4.1,即 $m ::= a \mid n \mid k \mid m_k \mid (m, m)(m \in M)$。

定义 5.1:本协议基本命题　在这个密码协议系统中,用 Φ_{Cryp}^A 作为基本命题 p 的集合,基本命题 p 定义为

$$p ::= \text{has}_a m \mid \text{const}_a m \mid \text{tg}(\sigma)$$

其中,$a \in A, m \in M, \sigma \in \mathcal{A}$。$\text{has}_a m$ 表示主体 a 拥有消息 m,$\text{const}_a m$ 表示主体 a 从自己的信息集构造 m,$\text{tg}(\sigma)$ 表示行为 σ 被标记。令 $\Phi_I, \Phi_{\bar{I}}, \Phi_{\text{tg}}$ 是 Φ_{Cryp}^A 的子集,分别表示上述 3 种命题的集合。

下面定义行为模型。根据文献[160]的思想,一个行为的执行需要的条件称为前提条件(precondition),没有相应的前提条件,这个行为是不能被执行的。在这个系统中,所有的前提条件属于 Φ_{Cryp}^A,它是语言 $\Phi_{\text{Cryp}}^{A,B}$ 的一部分。一个行为执行后成立的命题称为后置条件(postcondition),后置条件表明行为执行后知

识的变化,后置条件分为两部分,一个是 Pos_I 表明主体信息集的变化,另一个是 Pos_{AL} 表明行为标记的变化(记录主体完成的行为)。基于逻辑语言 $\mathcal{L}_{\text{Cryp}}^{A,B}$,一个行为模型是一个元组 $\mathfrak{A} = (\mathcal{A}, \sim_a, \text{Pre}, \text{Pos}_I, \text{Pos}_{AL})$,其中 $\mathcal{A}$ 是一个非空的有限的行为集,对所有的 $a \in B$,$\sim_a$ 是一个等价关系。$\text{Pre}: \mathcal{A} \to \Phi_{\text{Cryp}}^A$ 为每一个行为指派一个前提条件。应用文献[160]的思想处理后置条件,函数 $\Phi \to \mathcal{L}$ 是对 $\mathcal{L}$ 的一个替换,是基本的逻辑语言到它的变体的一个映射。SUB 是 substitution 的缩写,$\text{SUB}(\mathcal{L})$ 被看作从 Φ(命题)到 $\mathcal{L}$(语言)的一个替换集。因此,$\text{Pos}_I: \mathcal{A} \to \text{SUB}(\Phi_{\text{Cryp}}^{A,B})$,后置条件是语言 $\mathcal{L}_{\text{Cryp}}^{A,B}$ 的一个替换,对任意的 $p \in \Phi_I, \sigma \in \mathcal{A}$,有性质 $\text{Pos}_I(\sigma)(p) \in \Phi_I \bigcup \{\bot, \top\}$。$\text{Pos}_{AL}: \mathcal{A} \to \text{SUB}(\Phi_{\text{Cryp}}^{A,B})$,对任意的 $p \in \Phi_{AL}, \sigma \in \mathcal{A}$,有 $\text{Pos}_{AL}(\sigma)(p) \in \Phi_{AL} \bigcup \{\bot, \top\}$。用"$m \in I_a$($I_a$ 表示 a 的信息集)"替换"$\text{has}_a m$"映射到 $\top$,同时,在 σ 行为执行后消息 m 增加到 a 的信息集。用"σ^+"来标记当前行为对替换映射 $\text{tg}(\sigma)$ 到 $\top$,同样地,用"σ^-"来标记之前的行为对替换映射 $\text{tg}(\sigma)$ 到 $\bot$。在后面的分析过程中,将用这些替换来形式化所有的后置条件。

定义 5.2:本协议语言 $\mathcal{L}_{\text{Cryp}}^{A,B}$ 的语法 给定主体集 A 和基本命题集 Φ_{Cryp}^A,协议语言 $\mathcal{L}_{\text{Cryp}}^{A,B}$ 的语法归纳定义为

$$\varphi ::= \top \mid p \mid \neg\varphi \mid \varphi \vee \varphi \mid K_a\varphi \mid [\alpha]\varphi$$
$$\alpha ::= (\mathfrak{A}, \sigma)$$

其中,$p \in \Phi_{\text{Cryp}}^A, a \in \mathfrak{A}, \sigma$ 是行为模型 $\mathfrak{A}$ 中的一个行为。$[\mathfrak{A}, \sigma]\varphi$ 意思是在 $\mathfrak{A}$ 中的行为 σ 执行后,φ 成立。

5.1.2　协议语言 $\mathcal{L}_{\text{Cryp}}^{A,B}$ 的语义

语言 $\mathcal{L}_{\text{Cryp}}^{A,B}$ 的模型 $\mathfrak{M}$ 是一个元组

$$\mathfrak{M} = (W, \{R_a\}_{a \in B}, I, \text{AL})$$

其中,W 是一个非空的可能世界集,R_a 是对所有的 $a \in B$ 在 W 上的二元关系。I 是信息集,$I_{w,a}$ 表示在世界 w,主体 a 的信息集,也就是说 $I: W \times \mathcal{A} \to \mathcal{P}(\mathcal{M})$。

AL 表示行为标签,即 $\text{AL}: W \to \mathcal{P}(\mathcal{A})$。对任意的 $\sigma \in \mathcal{A}, \text{tg}(\sigma)$ 意味着在行为集 $\mathcal{A}$ 的行为 σ 已经被标记。I 和 AL 是对应的基本命题的值。若 $m \in I_a$,则 $\text{has}_a m$ 成立。m 是 a 的拥有集的消息,可以是通过接收得到的也可以是初始分配的,消息 m 也可以由主体从它的信息集中的信息构造的,构造规则遵循第 4 章介绍的密码学构造规则,即

$$\frac{m \; k}{m_k} \qquad \frac{m_k \; k}{m} \qquad \frac{m m'}{(m, m')} \qquad \frac{(m, m')}{m} \qquad \frac{(m, m')}{m'}$$

令协议语言 $\mathcal{L}_{\text{Cryp}}^{A,B}$ 的模型为 $\mathfrak{M}$,基本命题的语义如下:

$\mathfrak{M},w \vDash \text{has}_a m$ 当且仅当 $m \in I_{w,a}$;

$\mathfrak{M},w \vDash \text{const}_a m$ 当且仅当 $m \in \overline{I_{w,a}}$;

$\mathfrak{M},w \vDash \text{tg}(\sigma)$ 当且仅当 $\sigma \in \text{AL}(w)$;

第一条是说如果模型在世界 w 满足主体 a 拥有消息 m,当且仅当,消息 m 属于 a 在世界 w 的信息集。第二条说主体 a 可以构造消息 m 在 $(\mathfrak{M},w)$,当且仅当 m 可以从他的信息集 $I_{w,a}$ 推导,"$m \in \overline{I_{w,a}}$"表示 m 属于集合 $I_{w,a}$ 的推导集 ($\overline{I_{w,a}}$ 表示从集合 $I_{w,a}$ 推导出来的信息集)。第三条表明,$\text{tg}(\sigma)$ 在 $(\mathfrak{M},w)$ 成立,当且仅当 σ 在 $(\mathfrak{M},w)$ 被标记。

更新模型令协议语言 $\mathcal{L}_{\text{Cryp}}^{A,B}$ 的模型为 $\mathfrak{M}$,$\mathfrak{A}$ 是行为模型,更新模型
$$\mathfrak{M} \circ \mathfrak{A} = (W', \{R'_a\}_{a \in B}, I', \text{AL}')$$
被定义为

$$W' = \{\langle w,\sigma\rangle \,|\, \mathfrak{M},w \vDash \text{Pre}(\sigma)\}$$
$$R'_a = \{\langle w,\sigma\rangle, \langle v,\sigma'\rangle \,|\, w\, R'_a\, v \text{ 和 } \sigma \sim_a \sigma'\}$$
$$I'_{\langle w,\sigma\rangle,a} = \{m \,|\, \mathfrak{M},w \vDash \text{Pos}_I(\sigma)(\text{has}_a m)\}$$
$$\text{AL}'_{\langle w,\sigma\rangle} = \{\beta \,|\, \mathfrak{M},w \vDash \text{Pos}_{\text{AL}}(\sigma)(\text{tg}(\beta))\}$$

定义 5.3:本协议语言 $\mathcal{L}_{\text{Cryp}}^{A,B}$ 的语义   给定主体集 A 和基本命题集 Φ_{Cryp}^A,协议模型为 $\mathfrak{M} = (W, \{R_a\}_{a \in B}, I, \text{AL})$ 且状态 $w \in W$,本协议语言 $\mathcal{L}_{\text{Cryp}}^{A,B}$ 的语义定义如下:

$\mathfrak{M},w \vDash \top$ 当且仅当 $\mathfrak{M},w \nvDash \bot$;

$\mathfrak{M},w \vDash \neg\varphi$ 当且仅当 $\mathfrak{M},w \nvDash \varphi$;

$\mathfrak{M},w \vDash \varphi \vee \psi$ 当且仅当 $\mathfrak{M},w \vDash \varphi$ 或者 $\mathfrak{M},w \vDash \psi$;

$\mathfrak{M},w \vDash \mathbf{K}_a\varphi$ 当且仅当对任意一个 $w' \in W$,若 $w\, R_a\, w'$,则 $\mathfrak{M},w' \vDash \varphi$;

$\mathfrak{M},w \vDash [\mathfrak{A},\sigma]\varphi$ 当且仅当若 $\mathfrak{M},w \vDash \text{Pre}(\sigma)$,则 $\mathfrak{M} \otimes \mathfrak{A},\langle w,\sigma\rangle \vDash \varphi$。

5.2 协议形式化

5.2.1 形式化密码协议中的基本问题

1.协议形式化描述形式

这里用 Crypto 来表示该密码协议的行为模型。事实上协议的运行是一系列动作的执行。在密码学中,协议被描述为这样的形式:

$$a \rightarrow b : m \text{ 表示主体 } a \text{ 发送消息 } m \text{ 给 } b, \quad \text{其中}, m \in M$$

2. 实例化

行为模式是协议执行中的一个重要部分。通常用 instatiation θ 实例化行为模式，θ 为任意的一个实例。instatiation θ 是一个从协议参数到它们各自的域的映射。一个协议的执行有几个实例的相互交错。在该系统中，应用 Θ 来表示实例集，协议的参数是有限的，因此 Θ 集的元素也是有限的。

3. 网络环境

参照文献[161]，假定该协议的网络由输入缓冲器（input buffer）和输出缓冲器（output buffer）构成。将这两部分看作两个特殊的主体 In 和 Out。可信任的主体消息仅能发送给 In，攻击者或入侵者能够窃听 In 的信息。可信主体仅能接收来自 Out 的消息。

4. 验证模型

验证模型是该协议要达到的目标模式。在协议运行结束后，目标公式 ϕ（$\phi \in \Phi_{\text{Cryp}}^{A,B}$）成立，形式化验证模型如下：

$$\mathfrak{M} \models \bigwedge_{\theta \in \Theta} [\text{Crypto}_{\text{Intr}}, \sigma(\theta)] \phi(\theta)$$

其中，$\mathfrak{M}$ 是之前定义的模型，包括所有初始假设条件和所有主体的初始认知信息。$\text{Crypto}_{\text{Intr}}$ 表示行为模型，这个模型中的行为包括入侵者的行为。Intr 表示入侵者（intruder）。σ 是行为模型 A 中的行为，通常是行为序列中的最后一个。ϕ 是 $\Phi_{\text{Cryp}}^{A,B}$ 中的公式，或者是静态认知公式或者是命题公式。

$$\bigwedge_{\theta \in \Theta} [\text{Crypto}_{\text{Intr}}, \sigma(\theta)] \phi(\theta)$$

表示包括入侵者的行为的模型 $\text{Crypto}_{\text{Intr}}$ 中所有的行为执行完成之后，公式 ϕ 成立。这是协议的目标模型的表达式。

5.2.2 形式化行为模型

在协议的运行中语言模型的变化依赖于行为的执行。也就是说，行为的执行导致模型的变化。因此，首先给出行为模型。前面定义了初始化模型 $\mathfrak{M}$ 和行为模型 $\text{Crypto}_{\text{Intr}}$。假定 Ag 表示协议中主要被分析的主体集，入侵者（intruder）T（$T \in Ag$）执行入侵行为。所以，在这个系统中，主体集 $A = Ag \cup \{\text{In}, \text{Out}\}$ 和 $B = Ag$。入侵者的行为和协议的行为要求是根据入侵者模型和来源于在 $\text{Crypto}_{\text{Intr}}$ 模型中行为集 A 的协议规定的行为。

在协议中，$a \rightarrow b : m$ 表示 a 发送消息 m 给 b。这个行为分成 'send'$(\sigma)a \rightarrow \text{In}: m$ 和 'receive'$(\delta)\text{Out} \rightarrow b: m$ 两部分。执行这个行为的前提是 a 可以从他的信息集构造 m：$\text{Pre}(\sigma) = \text{const}_a\, m$。行为 σ 的后置条件是 $\text{Pos}_I(\sigma) = m \in I_{\text{In}}$。用

σ^+,σ^- 来标记刚刚完成的行为和这个行为之前的行为。同样地,行为 δ 的前提条件为 $\mathrm{Pre}(\delta)=\mathrm{has_{out}}\,m$。规定缓冲器本身不能构造新的信息。$\delta$ 的后置条件为 $\mathrm{Pos}_I(\delta)=m\in I_b$。

在这个网络模型中,假定入侵者可能窃听所有缓冲器的信息。因此,入侵者 T 的行为是 In→T:m 或者 T→Out:m。也就是说,一方面入侵者可以从输入缓冲器获取信息(take m),另一方面他可以把信息放入输出缓冲器(fake m)。这个行为描述如表 5.1 所示。

表 5.1 入侵者 T 的行为模型

Action	Direction	Message	Pre	Pos$_I$	Pos$_{AL}$
take m	In→T	m	has$_{In}\,m$	$m\in I_T$	—
fake m	T→Out	m	const$_T\,m$	$m\in I_{Out}$	—

在这个系统中,主体只能区分他自己完成的行为,别的主体的行为不可区分的。用 $\sim_a$ 来表示任意主体 a 不可区分的行为,$\sim_T$ 表示入侵者不可区分的行为。协议的模型 $\mathfrak{M}=(W,\{R_a\}_{a\in B},I,\mathrm{AL})$ 的初始状态描述如下。

W 是一个非空的可能世界集。

I 是主体的信息集。一个主体的信息集总是基于一个确定的世界。因此,主体 a 和他的信息集 I 定义一个世界 w,通常地,写作 $I_{(w,a)}$。在初始状态,规定缓冲器是空的,因此对所有的 $w\in W$,在初始状态有 $I_{(w,\mathrm{In})}=I_{(w,\mathrm{Out})}=\varnothing$。

R_a 如果 wR_av,当且仅当 $I_{(w,a)}=I_{(v,a)}$ R_a 表示对主体 a 来说是等价关系,a 不能区分 w 和 v。

AL 在初始状态,对所有的 $w\in W$,令 $\mathrm{AL}(w)=\varnothing$。

在后面分析具体协议时,将应用上面的形式化方法。

5.3 协议分析

沿用第 4 章的例子。在一个不安全的网络中,甲想发送给乙一个秘密消息 m。他们只有自己的密钥。假定甲作为发送者(S),乙作为接收者(R)。发送者有自己的密钥 k_s,接收者有自己的密钥 k_r。他们只能解密自己加密的数据。协议描述如下:

(1) S→R:m_s

(2) R→S:m_{sr}

(3) $S \rightarrow R : m_r$

在第(1)步,发送者用 k_s 加密 m 得到 ${\{m\}}_{k_s}$,为了简洁,写作 m_s。发送者将 m_s 发送给接收者。接收者收到后,用 k_r 加密 m_s 得到 m_{sr}。再把 m_{sr} 返回给发送者,发送方解密 m_{sr} 得到 m_r 并发送到接收者。接收者可以解密 m_r 并得到 m。最后,m 从 S 传输到 R。应用的加密有可交换的性质,即 $m_{sr} = m_{rs}$(加密信息时密钥的使用顺序的改变不改变加密结果)。这里,密钥可以是对称的,也可以是非对称的公私钥对密钥。下面形式化这个协议。在协议中,消息集 $M = \{k_s, k_r, m, m_s, m_{sr}, m_r\}$,$Ag = \{S, R, T\}$,其中 S 是发送者,R 是接收者,T 是入侵者。协议的全体主体集为 $A = \{S, R, T, \mathrm{In}, \mathrm{Out}\}$,着重分析的协议参与者集合 $B = Ag = \{S, R, T\}$。首先给出初始模型图 5.1,然后根据协议行为的执行的运行过程形式化协议。在初始状态,只有 S 有信息 m 其他人没有 m,初始模型中表明了哪一个主体拥有 m。根据 $I_{w,S}$,$I_{w,R}$,$I_{w,T}$,如果主体在那个世界有 m 就出现在那个世界。在图 5.1 中,实线表示这两端的世界对 S 是可以区分的(其余是不能区分的),虚线表示两端的世界对 T 是可以区分的,点线表示两端的世界对 R 是可以区分的。因此,在初始状态满足:$\mathfrak{M}, S \vDash \mathrm{has}_S m \wedge \neg \mathrm{has}_R m \wedge \neg \mathrm{has}_T m$。

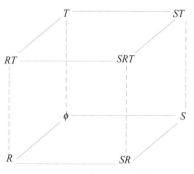

图 5.1　协议的初始模型

协议的行为模型形式化如表 5.2 所示。

表 5.2　协议的行为模型形式化

Action	Direction	Message	Pre	Pos$_I$	Pos$_{AL}$
σ_1	$S \rightarrow \mathrm{In}$	m_s	$\mathrm{const}_S m_s$	$m_s \in I_{\mathrm{In}}$	σ_1^+
δ_1	$\mathrm{Out} \rightarrow R$	m_s	$\mathrm{has}_{\mathrm{Out}} m_s$	$m_s \in I_R$	δ_1^+
σ_2	$R \rightarrow \mathrm{In}$	m_{sr}	$\mathrm{const}_R m_{sr}$	$m_{sr} \in I_{\mathrm{In}}$	δ_1^-, σ_2^+
δ_2	$\mathrm{Out} \rightarrow S$	m_{sr}	$\mathrm{has}_{\mathrm{Out}} m_{sr}$	$m_{sr} \in I_S$	δ_2^+
σ_3	$S \rightarrow \mathrm{In}$	m_r	$\mathrm{const}_S m_r$	$m_r \in I_{\mathrm{In}}$	δ_2^-, σ_3^+
δ_3	$\mathrm{Out} \rightarrow R$	m_r	$\mathrm{has}_{\mathrm{Out}} m_r$	$m_r \in I_R$	δ_3^+

如表 5.2 所示,行为 σ_1 表示 S 将消息 m_s 发送到 In,前提条件是 S 能够构

造 m_s,后置条件是 m_s 属于 In,同时标记 σ_1 这个行为。第 2 行 δ_1 表示 R 从 Out 接收到消息 m_s,前提是 Out 有消息 m_s,这个行为执行后 R 有消息 m_s,同时标记 δ_1。第 3 行的"δ_1^-,σ_2^+"中"δ_1^-",表示 R 执行的当前行为是 σ_2,之前的一个行为是 δ_1。这里将协议参与主体 S,R 的当前行为和前一个行为都做了标记。

表 5.3 中添加了来自入侵者(T)的操作。假设入侵者是一个弱的入侵者。除了窃听他无法构造任何信息,因为没有密钥,所以只能从缓冲区中接收所有消息并传输到输出缓冲器。

表 5.3 包括入侵者行为的行为模型

Action	Direction	Message	Pre	Pos_I	Pos_{AL}
σ_1	$S \rightarrow In$	m_s	$const_S\, m_s$	$m_s \in I_{In}$	σ_1^+
take m_s	$In \rightarrow T$	m_s	$has_{In}\, m_s$	$m_s \in I_T$	—
fake m_s	$T \rightarrow Out$	m_s	$has_T\, m_s$	$m_s \in I_{Out}$	—
δ_1	$Out \rightarrow R$	m_s	$has_{Out}\, m_s$	$m_s \in I_R$	δ_1^+
σ_2	$R \rightarrow In$	m_{sr}	$const_R\, m_{sr}$	$m_{sr} \in I_{In}$	δ_1^-, σ_2^+
take m_{sr}	$In \rightarrow T$	m_{sr}	$has_{In}\, m_{sr}$	$m_{sr} \in I_T$	—
fake m_{sr}	$T \rightarrow Out$	m_{sr}	$has_T\, m_{sr}$	$m_{sr} \in I_{Out}$	—
δ_2	$Out \rightarrow S$	m_{sr}	$has_{Out}\, m_{sr}$	$m_{sr} \in I_S$	δ_2^+
σ_3	$S \rightarrow In$	m_r	$const_S\, m_r$	$m_r \in I_{In}$	δ_2^-, σ_3^+
take m_r	$In \rightarrow T$	m_r	$has_{In}\, m_r$	$m_r \in I_T$	—
fake m_r	$T \rightarrow Out$	m_r	$has_T\, m_r$	$m_r \in I_{Out}$	—
δ_3	$Out \rightarrow R$	m_r	$has_{Out}\, m_r$	$m_r \in I_R$	δ_3^+

5.4 协议验证

5.4.1 协议的目标模型

在初始状态,S 和 R 有自己的密钥,但只有 S 才有秘密消息 m。协议目标是所有动作执行完成后,R 有秘密消息 m,而 T 没有。因此,得出目标模型。

目标 1:在最后一个行为 δ_3 执行后,R 有秘密消息 m。

$$\mathfrak{M} \models \bigwedge_{\theta \in \Theta} [\text{Crypto}_{\text{Intr}}, \delta_3(\theta)] K_{Ag} \text{const}_R m(\theta)$$

目标 2：在初始状态 T 没有 m，在最后一个行为 δ_3 执行后，T 仍然没有 m。

$$\mathfrak{M} \models \bigwedge_{\theta \in \Theta} \neg \text{has}_T m(\theta) \to [\text{Crypto}_{\text{Intr}}, \delta_3(\theta)] K_{Ag} \neg \text{const}_T m(\theta)$$

如果协议满足目标 1 和目标 2，那么该协议是安全的。

5.4.2　协议的验证

命题 1：对于任何一组消息项 $\mathcal{M}$，以及任意秘密消息 m：没有密钥 k，如果 $m \notin \overline{\mathcal{M}}$，则 $m \notin \overline{\boldsymbol{m}_k \bigcup \mathcal{M}}$。

从构造规则来看，如果主体有 m_k 和相应的密钥 k，则可以构造 m。没有密钥 k，如果 m 不能从 $\mathcal{M}$ 推导（能从 $\mathcal{M}$ 推导得出的集合表示为 $\overline{\mathcal{M}}$），则即使 m_k 并到 $\mathcal{M}$ 集，还是不能推导得出 m，因为缺少前提密钥 k。根据这个命题，T 不能计算秘密消息 m，因为他的消息都来自输入缓冲器，从表 5.3 的 Pos_I 列可以看出，他没有相应的密钥 k。在这个系统中，主体的消息集的元素总是增加而不是减少的。因此得出命题 2。

命题 2：对任意消息 m 和任意主体 a，有

$$\mathfrak{M} \models \text{const}_a m \to [\text{Crypto}_{\text{Intr}}] \text{const}_a m$$

命题 3：目标 2 在协议的运行过程中总是真的。

在初始状态，只有 S 有消息 m，其他人没有 m。当然 T 不可能有 m，因为协议还没有运行，什么行为也没有做。

现在证明目标 2 在协议的运行过程中总是真的。

假设存在一个世界 w 不满足目标 2，

$$\mathfrak{M}, w \nvDash \neg \text{has}_T m \to [\text{Crypto}_{\text{Intr}}] \neg \text{const}_T m$$

如果上面这个公式成立，那么就存在一个动作序列 $\sigma_1, \sigma_2, \cdots, \sigma_n (\sigma_i \in \mathcal{A})$，使得

$$\mathfrak{M}, w \models \neg \text{has}_T m \wedge [\text{Crypto}_{\text{Intr}}, \sigma_1] \cdots [\text{Crypto}_{\text{Intr}}, \sigma_n] \text{const}_T m$$

然而，从表 5.3 可以看到，在任何一个状态，T 都没有 m，所以

$$\mathfrak{M}, w \models \neg \text{has}_T m \wedge [\text{Crypto}_{\text{Intr}}, \sigma_1] \cdots [\text{Crypto}_{\text{Intr}}, \delta_3] \neg \text{const}_T m$$

因此，假设是不成立的。

入侵者仅能从输入缓冲器得到信息。如果 $m \in I_{\text{In}}$，那么 $m \in I_T$。从表 5.2 或表 5.3 可以列出输入缓冲器的信息集

$$\bigcup_{1 \leqslant i \leqslant n} I_{(w_i, I_n)} = \{m_s, m_{sr}, m_r\}$$

因此，T 拥有的消息都是加密数据，没有相应的密钥 k，他不能计算并得到秘密消息 m。因此目标 2 是满足的。

命题 4：目标 1 在初始状态不成立，在协议的最后一个行为 δ_3 完成后，目标 1 成立。

证明：在初始状态，R 没有 m，R 只有 k_r。协议的所有行为执行后，根据表 5.3，R 的信息集为

$$\bigcup_{1 \leqslant i \leqslant n} I_{(w_i, R)} = \{m_s, m_{sr}, m_r\}$$

因此，R 有 k_r 和 m_r，根据构造规则，R 可以构造出 m，即 $\mathrm{const}_R m$。因此，协议的所有行为执行后，得到下式：

$$\mathfrak{M} \models [\sigma_1][\mathrm{take}][\mathrm{fake}][\delta_1][\sigma_2][\mathrm{take}][\mathrm{fake}][\delta_2][\sigma_3][\mathrm{take}][\mathrm{fake}][\delta_3]\mathrm{const}_R m$$

因此，目标 1 和目标 2 得证。此协议是满足安全要求的。

5.5 本章小结

本章应用文献[75,160]的思想用行为模型扩展认知逻辑形成动态认知逻辑，描述、分析并验证一个具体的密码协议。这个协议是两个主体，要在一个不安全的网络中传送一个秘密消息，它们仅有自己的密钥，只能解密自己加密的消息。本章给出了描述这个协议的语言的语法和语义。用行为模型来刻画协议的行为，行为的执行导致模型的变化，更新模型描述了模型的转换。精确地详细地模式化协议的每一步。从实际意义上来说，逻辑表示就是逻辑分析。根据安全要求，给出协议的安全目标，通过分析和证明，这个协议满足预设的目标，这个协议是安全的。

第 6 章

基于时态认知逻辑的
密码协议验证

时态逻辑是经典逻辑的扩展,广泛应用于复杂系统的描述与验证。在时态逻辑中,增加了时间维度,使得逻辑属性可以随着时间的推移而演变;因此,时态逻辑非常适用于描述动态或自适应系统这样的随时间变化的系统。目前,时态逻辑已被应用于计算机科学及其相关领域,例如人工智能,分布式或并发系统中的时态刻画[162-163],通过模型检测进行算法验证[164-165],知识表示和推理[166-168],以及时态数据库[169-170]。时态逻辑与认知逻辑的结合形成时态认知逻辑,时态认知逻辑可以描述随着时间的推移主体的知识可能会发生的变化,因此可以构建这些场景相应的推理,在密码协议描述和验证中有大量的应用。本章应用时态认知逻辑对密码协议的安全性进行分析与验证。

6.1 Needham-Schroeder 协议

Needham-Schroeder 协议(Needham-Schroeder protocol,NSP)用于在通信主体之间建立身份验证。完整的协议由 7 条消息组成,假设每个主体始终知道其他人的公钥,协议就可简化为仅为 3 条消息的简化版本。因此协议可以描述为以下 3 个步骤。

第 1 步:$A \rightarrow B \{N_A, A\}_{pk(B)}$;

第 2 步:$B \rightarrow A \{N_B, N_A\}_{pk(A)}$;

第 3 步:$A \rightarrow B \{N_B\}_{pk(B)}$。

消息 $\{X, Y\}_{pk(Z)}$ 表示用 Z 的公钥加密内容 X 和 Y。其中 N_X 是特殊的数据项,称为一次性随机数(nonce)。通常情况下,协议中的主体生成自己独特的一次性随机数(通常是加密的),对其他人都是保密的。

第1步：发起者 A 用响应者 B 的公钥加密自己生成的一次性随机数 N_A 和 A 的身份信息，并发送给 B。

第2步：当 B 收到 A 的消息时，它用相应的私钥解密得到 N_A。然后 B 生成另一个他自己的一次性随机数 N_B，并用 A 的公钥加密 N_B、N_A 后发回给 A。

第3步：当 A 收到 B 发回的消息后，用自己的私钥解密消息得到 B 的一次性随机数，再用 B 的公钥加密它并发回给 B 以此来证明 A 的真实性。

6.2 协议语言

时态认知逻辑 $\mathrm{KL}_{(n)}$ 是线性时间融合认知形成的具有多模态 $\mathcal{S}5$ 的时序逻辑。语言 $\mathrm{KL}_{(n)}$ 中每个模态关系为等价关系，时态在离散线性时间模型上进行解释：有限的过去和无限的未来；对于这种时间流，一个明显的表达是 $(\mathbb{N}, <)$，例如，自然数通常按"小于"关系排序。这里首先给出语法和语义。

6.2.1 语法

命题逻辑公式以及认知逻辑沿用第 3 章的定义 3.1 和定义 3.6。

对于时间维度，采用常用的时间连接词：将来时"○"(next)、有时或最终"◇"(sometime, or eventually)、总是"□"(always)、直到 $\mathcal{U}$(until) 或除非 $\mathcal{W}$(unless, or weak until)。

令 $\mathrm{KL}_{(n)}$ 为时态认知逻辑语言，该语言的良构公式(WFF_K)定义如下：

- false、true 和原子命题集 P 中的任何元素属于 WFF_K；
- 如果 φ 和 ψ 在 WFF_K 中，那么以下的公式也在 WFF_K 中，其中 $i \in Ag$，Ag 表示主体集。

$$\neg \varphi \quad \varphi \vee \psi \quad \varphi \wedge \psi \quad \varphi \rightarrow \psi \quad K_i \varphi$$
$$\Diamond \varphi \quad \Box \varphi \quad \bigcirc \varphi \quad \varphi \, \mathcal{U} \, \psi \quad \varphi \, \mathcal{W} \, \psi$$

6.2.2 语义

定义 6.1：时间线 时间线 t 是一个以自然数为索引的无限长、线性、离散的时间序列。令 TLines 为所有时间线的集合。

定义 6.2：点 点(point) q 是一个对 $q = (t, u)$，其中 t ($t \in$ TLines) 是一个时间线，u ($u \in \mathbb{N}$) 是 t 的时间索引。令 Points 为所有点的集合。

定义 6.3：值函数 值函数 $\pi:$ Points $\times P \rightarrow \{T, F\}$。

定义 6.4：模型 模型 $\mathfrak{M}$ 是一个元组 $\mathfrak{M} = (\mathrm{TL}, R_i, R_n, \pi)$

其中参数含义如下：

- TL⊆Tline 是一组时间线，有一个特殊的时间点 t_0；
- R_i，是所有的主体 $i \in Ag$ 在 Points 上的可及关系，即 $R_i \subseteq \text{Points} \times \text{Points}$，其中每个 R_i 是一个等价关系；
- π 是一个值函数。

这里还是通过满足关系"⊨"来定义语言的语义。

语言 $\text{KL}_{(n)}$ 的满足关系在形式为 $(\mathfrak{M}, q)$（其中 $\mathfrak{M}$ 是模型，q 是 $\text{TL} \times \mathbb{N}$ 中的一个点）与良构公式之间成立。下面给出语义定义，由经典公式可以推导出的公式就省略了语义，时态算子 $\mathcal{U}$ 和 $\mathcal{W}$ 因为后面不会被用到这里就省略了其语义。

定义 6.5：时态认知逻辑语言 $\text{KL}_{(n)}$ 的语义 对原子命题集 P 和主体集 Ag 给定一个模型 $\mathfrak{M} = (\text{TL}, R_i, R_n, \pi)$，且 $(t, u) \in \text{Points}$，时态认知逻辑语言 $\text{KL}_{(n)}$ 的语义归纳定义如下：

$\mathfrak{M}, (t, u) \models \text{true}$

$\mathfrak{M}, (t, u) \not\models \text{false}$

$\mathfrak{M}, (t, u) \models p$ ⠀⠀⠀⠀当且仅当 $\pi((t, u), p) = T$（其中 $p \in P$）

$\mathfrak{M}, (t, u) \models \neg \varphi$ ⠀⠀⠀当且仅当 $\mathfrak{M}, (t, u) \not\models \varphi$

$\mathfrak{M}, (t, u) \models \varphi \vee \psi$ ⠀⠀当且仅当 $\mathfrak{M}, (t, u) \models \varphi$ 或 $\mathfrak{M}, (t, u) \models \psi$

$\mathfrak{M}, (t, u) \models \bigcirc \varphi$ ⠀⠀⠀当且仅当 $\mathfrak{M}, (t, u+1) \models \varphi$

$\mathfrak{M}, (t, u) \models \square \varphi$ ⠀⠀⠀当且仅当 $\forall u' \in \mathbb{N}$，如果 $(u \leqslant u')$，则 $\mathfrak{M}, (t, u') \models \varphi$

$\mathfrak{M}, (t, u) \models \diamondsuit \varphi$ ⠀⠀⠀当且仅当 $\exists u' \in \mathbb{N}$ 使得 $(u \leqslant u')$ 和 $\mathfrak{M}, (t, u') \models \varphi$

$\mathfrak{M}, (t, u) \models K_i \varphi$ ⠀⠀当且仅当 $\forall t' \in \text{TL} \ \forall u' \in \mathbb{N}$。如果 $(t, u), (t', u') \in R_i$，
⠀⠀⠀⠀⠀⠀⠀⠀⠀⠀则 $\mathfrak{M}, (t', u') \models \varphi$

对于任何公式 φ，如果存在模型 $\mathfrak{M}$ 和时间线 t 使得 $\mathfrak{M}, (t, 0) \models \varphi$，则 φ 是可满足的。如果对于任意公式 φ，所有模型 $\mathfrak{M}$ 都存在一个时间线 t，使得 $\mathfrak{M}, (t, 0) \models \varphi$，则 φ 是有效的。

由于 $\text{KL}_{(n)}$ 模型中的主体的可及关系是等价关系，因此，典范模态系统 $\mathcal{S}5$ 的公理在 $\text{KL}_{(n)}$ 模型中是有效的。$\mathcal{S}5$ 系统被普遍认为是理想化的知识逻辑，因此 $\text{KL}_{(n)}$ 是通常被称为时态认知逻辑。

6.3 基于 KL$_{(n)}$ 的协议形式化

本节叙述如何使用 $\text{KL}_{(n)}$ 来描述 NSP。描述协议之前，做如下约定。设 M、M_1 和 M_2 表示消息，W 表示密钥，N 是一次性随机数（nonce），V 是密钥和

一次性随机数对应的值变量,以及 X、Y……是主体。对于主体 X 的公私钥对表示为 pub_ key(X)、priv_ key(X),主体 A 和 B 是协议中两个特定主体。现给出以下谓词:

- 如果主体 X 发送密钥 W 加密的消息 M,则满足 send(X,M,W);
- 如果主体 X 收到由密钥 W 加密的消息 M,则满足 rcv(X,M,W);
- 如果 M 是消息,则满足 Msg(M);
- 如果 N 是一次性随机数,则满足 nonce(N);
- 如果 X 的公钥值为 V,则满足 val_ pub_ key(X,V);
- 如果 X 的私钥值为 V,则满足 val _priv_ key(X,V);
- 如果一次性随机数 N 的值为 V,则满足 val_ nonce(N,V);
- 如果消息 M_2 包含在 M_1 中,则满足 contains(M_1,M_2)。

为了简化描述,允许主体、消息和密钥集上的量化。假设主体、消息、密钥和一次性随机数的有限集在这个逻辑上仍然是命题。下面是关于本实例的典型假设:

- 协议之初,只有主体 A 知道其自身的一次性随机数:N_A 的值,只有主体 B 知道其自身的一次性随机数:N_B 的值;
- 发送的消息不保证到达期望的目的地;
- 如果主体接收到消息,则该消息必须是之前某个主体发送的;
- 消息知识持续存在,即主体不会忘记消息内容;
- 如果收到消息,且接收方知道相应的私钥,则接收者将知道消息的内容;
- 入侵者可以拦截任意消息并发送给其他人。

本协议中,公钥是公开的,所有主体都知道自己和其他主体的公钥,但每个主体的私钥仅允许他自己知道。

下面给出上述假设的逻辑形式化表示。

- 初始状态,只有主体 A 知道 nonce(N_A)的值,只有主体 B 知道 nonce(N_B)的值,

K_A val_ nonce(N_A,a_n)、$\neg K_A$ val_ nonce(N_B,a_n)、$\neg K_A$ val_ nonce(N_B,b_n)…

K_B val_ nonce(N_B,a_n)、$\neg K_B$ val_ nonce(N_A,a_n)、$\neg K_B$ val_ nonce(N_A,b_n)…

这是初始条件,以上公式在协议之初即起始时间点必须成立。

- 发送的消息不保证到达期望的目的地。

$$send(\cdots) \rightarrow \Diamond rcv(\cdots)$$

- 如果主体接收到消息,则该消息必须是之前某个主体发送的;
$$\forall X, M, W.\mathrm{rcv}(X, M, W) \rightarrow \exists Y. \Diamond \mathrm{send}(Y, M, W)$$

其中,运算符"$\Diamond$"表示过去某个时刻,语义如下:
$$\mathscr{M}, (t, u) \vDash \Diamond \varphi \text{ 当且仅当 } \exists u' \in \mathbb{N} \text{ 使得}(0 \leqslant u \leqslant u') \text{ 和 } \mathscr{M}, (t, u') \vDash \varphi$$

- 主体知道的密钥和最新的一次性随机数(nonce)会持续存在(主体知道的知识会一直知道,不会丢失)。
$$\forall X, N, V \, \mathrm{K}_X \mathrm{val\_nonce}(N, V) \rightarrow \bigcirc \mathrm{K}_X \mathrm{val\_nonce}(N, V)$$

这是 nonce 的公理以及密钥公理。

- 如果接收到包含 nonce 的消息,并且接收方知道该消息的解密私钥,则接收者将知道 nonce 的值。

$$\forall X, M, Y, V, N.(\mathrm{rcv}(X, M, \mathrm{pub\_key}(Y)) \wedge \mathrm{K}_X \mathrm{val\_priv\_key}(Y, V) \wedge$$
$$\mathrm{Msg}(M) \wedge \mathrm{contains}(M, N) \wedge \mathrm{nonce}(N)) \rightarrow \exists V_1 \mathrm{K}_X \mathrm{val\_nonce}(N, V_1)$$

- 入侵者可以拦截消息并发送给其他人。

谓词 send 不包含消息的接收者和谓词 rcv 不包含与消息发送者有关的信息。同样地,没有公理表明接收消息意味着消息必须由第三方发送给该主体。

6.4 时态认知逻辑的推导规则

为了表明 $\mathrm{KL}_{(n)}$ 公式的有效性,将其转化为正规形式 SNK_K(separated normal form for temporal logic of knowledge 时态认知逻辑的分离范式)。正规形式的公式如下。

$$\square^* \bigwedge_i T_i$$

其语义为

$$\mathscr{M}, (t, u) \vDash \square^* \bigwedge_i T_i \text{ 当且仅当 } \mathscr{M}, (t', u') \vDash \bigwedge_i T_i$$

对使用时态或任意长度的认知转换从(t, u)可达的每个点(t', u')。

每个 T_i 都是下列句子之一:

$$\mathrm{start} \rightarrow \bigvee_{b=1}^{r} \qquad \text{(an initial clause)}$$

$$\bigwedge_{a=1}^{g} k_a \rightarrow \bigcirc \bigvee_{b=1}^{r} l_b \qquad \text{(a step clause)}$$

$$\bigwedge_{a=1}^{g} k_a \rightarrow \Diamond l \qquad \text{(a sometime clause)}$$

$$\text{true} \rightarrow \bigvee_{b=1}^{r} m_{1b} \quad (\text{a } K_1 - \text{clause})$$

$$\vdots$$

$$\text{true} \rightarrow \bigvee_{b=1}^{r} m_{nb} \quad (\text{a } K_n - \text{clause})$$

$$\text{true} \rightarrow \bigvee_{b=1}^{r} m_{lb} \quad (\text{a literal-clause})$$

其中,k_a,l_b 和 l 是命题或它们的否定,m_{jb} 是命题或者是形式 $K_j l$ 或 $\neg K_j l$。在转换到的 SNF_K 中都保留了除了算子 $\bigcirc$ 和 $\Diamond$ 外的所有时态算子,应用它们的固定点的定义重写这些公式;用新命题变量重新命名复杂子公式,而且这些新命题的真值与它们在所有点替换的公式的真值通过等价性随时相关。推导规则应用于上述命题,直到推导出 start→false 意思是"φ 是有效的",或者直到不能生成新的命题,意思是"φ 是无效的"。该方法已被证明是可靠的、完备的和终止的[171-172]。下面给出规则的关键部分。解析规则可以是 4 种类型之一:初始化、步骤、模态或时态。

以下解析规则步骤适用于两个步骤子句之间或步骤与命题之间,类似于经典风格的解析规则。

$$P \rightarrow \bigcirc(F \vee l)$$
$$\underline{\text{true} \rightarrow \bigcirc(G \vee \neg l)}$$
$$P \rightarrow \bigcirc(F \vee G)$$

$$P \rightarrow \bigcirc(F \vee l)$$
$$\underline{\text{true} \rightarrow \bigcirc(G \vee \neg l)}$$
$$P \rightarrow \bigcirc(F \vee G)$$

这个规则应用于两个初始命题或一个初始命题与一个原子命题。

以下规则说明"如果 Q 导致矛盾,那么 $\neg Q$ 必须在任何地方都成立"。

$$\frac{Q \rightarrow \bigcirc\text{false}}{\text{true} \rightarrow \neg Q}$$

还有一个复杂的时态推导规则,用于解析步骤命题。该命题集蕴含 $P \rightarrow \bigcirc\Box l$ 且带有形式为 $Q \Rightarrow \Diamond \neg l$ 的子句。

模态推导规则适用于两个 K_i 子句之间或 K_i 子句与命题之间。这些与模态逻辑 $\mathcal{S}5$ 的公理相关。例如:

$$\text{true} \to D \vee K_i l$$
$$\frac{\text{true} \to D' \vee \neg l}{\text{true} \to D \vee D'}$$

以上规则的相关公理有 $K_i \varphi \to \varphi$ 和 $K_i l$ 与 $\neg l$ 不能同时成立。

定理 6.1：转化到 SNF_K 保持可满足性[173-174]   一个 $\text{KL}_{(n)}$ 公式 φ 是可满足的，当且仅当 $\mathcal{TK}[\varphi]$ 是可满足的，其中 $\mathcal{TK}$ 是到 SNF_K 的转化。

定理 6.2：终止[171-172]   推理程序可终止。

定理 6.3：可靠性[171-172]   令 S 是一组可满足的 SNF_K 规则集和 T 是通过推理规则的应用从 S 获得的一组规则。那么 T 也是可满足的。

定理 6.4：完备性[171-172]   如果一组 SNF_K 命题不可满足，则它通过给定的时态推理程序有一个反演（反证）。

6.5 Needham-Schroeder 协议的属性验证

Needham-Schroeder 协议（NSP）属性如下所示。

(1) 一旦 B 收到用 B 的公钥加密的 A 的 nonce，B 就知道该 nonce 的值。

$$\Box(\text{rcv}(B, m_1, \text{pub\_key}(B)) \to \bigcirc K_B \text{val\_nonce}(N_A, a_n))$$

其中，m_1 表示 NSP 的第一条消息，A 的身份信息和 nonce 用 B 的公钥加密，a_n 表示 A 的 nonce 的实际值。

(2) 一旦 A 收到用 A 的公钥加密的返回的 nonce，则 A 知道 B 知道这个 nonce 的实际值。

$$\Box(\text{rcv}(A, m_2, \text{pub\_key}(A)) \to \bigcirc K_A K_B \text{val\_nonce}(N_A, a_n))$$

其中，m_2 代表 NSP 的第二条消息，用 A 的公钥加密的包含 A 和 B 的 nonce 的消息，如前所述，a_n 表示 A 的 nonce 的实际值。

(3) 敌手 C 永远不会知道 A 的 nonce 的实际值。

$$\Box \neg K_C \text{val\_nonce}(N_A, a_n)$$

其中，C 代表入侵者。这可以通过前面的公钥和 nonce 公理来证明。由此得出这个协议是安全的。

A 和 B 仅能发送用对方公钥加密的 nonce 的消息。虽然这是一个强有力的公理，但如果允许 A 或 B 发送用 C 的公钥加密包含它们的 nonce 的消息，显然 C 将会知道它们的内容。

6.6 本章小结

　　本章用时态认知逻辑可以描述不同时刻各主体的知识及其变化的特性,构建时态认知逻辑语言的语法语义,对著名的 Needham-Schroeder 协议进行完全形式化表示,建立了推导规则,应用规则对其安全属性进行一一验证。最后得出这个协议是安全的。

第 7 章

基于动态认知逻辑的非单调密码协议分析

在前面的实例分析中,协议的主体的知识都是单调增加的,也就是说主体一旦知道某些信息,就会永远知道,不会丢失,而且所知道的知识只会增加不会减少。但是在有些协议中,要求主体用完某个信息就立刻删除,也就是说事后这个信息就不再知道了,例如,在一次一密的会话中,要求主体用完一个密钥后就删除,下一次会话用新的密钥,或者说在一密钥被泄露后,主体就得放弃该密钥,即需要改变主体的知识集,所以其知道的知识并不是单调增加的。又例如在一个进程中,一开始拥有某个消息,但后来该消息被删除,这时进程主体将不再拥有该消息。这时就需要扩展现有逻辑来表示知识非单调的协议,关于知道或信念的非单调逻辑有 Moser[155] 逻辑和 Rubin 逻辑[154],Moser 逻辑用谓词 unless 表达了相信的非单调性,Rubin 逻辑用行为 forget 表达了知道的非单调性。forget(忘记)作为一个逻辑概念研究首先是在命题逻辑和一阶逻辑中[156],又有学者将其用在回答集程序中[173],后来研究者们又把这个概念用在归纳推理、信念修正(信念更新)、知识推理中。文献[159]研究了在 $\mathcal{S}5$ 模态逻辑中知识遗忘的形式化概念;提出了 4 个假设并证明这些假设可准确地刻画知识遗忘的语义以及逻辑性质;调查了在各种认知推理情境中知识遗忘的可能的应用,特别展示了可以通过知识遗忘表示的不同形式的知识更新;演示了知识遗忘在形式化和知识推理中的应用;给出了一个关于有限记忆(存储)的知识游戏的具体案例。根据这篇文章的思想,从一个知识集中忘记一个原子后,这个原子就与这个知识集不相干,也就是说,这个原子不再出现在原公式变量集中,形式化表达如下:令 Γ 和 Γ' 是两个知识集,V 是一个原子集,从 Γ 中忘记原子集 V 可以表示如下:(1) $\Gamma' \equiv \mathrm{KForget}(\Gamma, V)$;(2) $\Gamma' \equiv \{\phi \mid \Gamma \vDash \phi, \mathrm{IR}(\phi, V)\}$。从知识集 Γ 中忘记原子集 V,结果集 Γ' 的原子集与 V 不相干。这里的 IR 表示不相干

(irrelevance),IR(ϕ,V)表示公式 ϕ 与原子集 V 不相干,其意思是公式 ϕ 中的命题变量不出现在 V 中,也就是它们的原子变量集没有交集。例如:KForget(K($p \wedge q$),$\{p\}$)$\equiv Kq$,忘记 p,原来的知识集里就没有 p 了,而且忘记某个原子或原子集不影响主体已知的其他知识。借鉴这个思想,用 forget 行为表示知识的忘记,对具有知识非单调性的一个具体的密码协议进行分析。当主体一旦执行这个行为,被忘记的知识或信息就从主体的知识集或信息集里删除,主体就不再拥有这个知识或信息。

在分析知识非单调性协议之前,先介绍分析中要用到的寄存器模型。

7.1 寄存器模型

这里引用文献[60]的思想介绍寄存器模型。寄存器就像是数的名称,密码协议中处理的信息常常被表示为数。用一个具体的实例来说明这个模型。这是一个猜数的游戏。有 3 个人:妈妈艾青(a),两个孩子波波(b)和凯凯(c),两个孩子都想玩一个玩具。妈妈 a 说我心中有一个秘密数,是自然数 1 到 5,你们谁先猜到谁就赢了,谁就能玩这个玩具。第一轮 b 先猜,第二轮 c 先猜。孩子们不同意,并说:"我们怎么知道你没有欺骗我们? 请把这个数写在纸上,我们猜后你拿出来证明我们是否猜对。"妈妈说:"可以"。现在他们都同意了,猜了几轮后,妈妈说:"波波你赢了。"于是她拿出那张纸来证明。假定妈妈写下的这个秘密数是 2。假如这个数的可能值就是一个世界,用克里普克模型表示这个场景,如图 7.1 所示。

在图 7.1 中,所有的虚线表示 b 和 c 的可达世界,b 和 c 对这 5 个世界都不可区分,说明 b 和 c 都不知道这个数,只有 a 知道这个数是 2,这里用双圈表示真实的情况。这就是游戏的初始状态。

游戏开始,b 猜:"3。"a 说:"错!"模型被更新,世界 3 连同它的连线一同被删除,如图 7.2 所示。

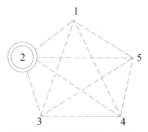

图 7.1 游戏的初始状态

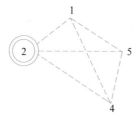

图 7.2 b 错误地猜"3"后

图 7.3　有人猜对后

如此进行下去,如果有人猜 2,a 说:"正确。"这时其他错误的数都删除,就只剩下存储数 2 的这一个世界,如图 7.3 所示。

如图 7.1 所示,如果有 100 个数那么就有 100 个可能世界,1000 个数就有 1000 个可能的世界,这样表示起来就太复杂了,为了更精确和简洁地表示,这里引入寄存器模型的思想。

在认知逻辑的环境里,要知道一个数 n 是能够区分一个世界。用寄存器的思想来描述上述游戏只需要一个寄存器两个世界,即这个寄存器有两种可能的情况:这个寄存器存储的值包含这个数还是不包含这个数。

当妈妈(a)写下这个数 2,寄存器的概念就产生了,令寄存器为 p,数 2 存储在 p 中,这个只有妈妈知道,两个孩子不知道这个数是几,对孩子们来说,p 也可能存储了 1~5 中所有与 2 不同的值,所以就产生如图 7.4 所示的寄存器模型。

图 7.4　游戏的初始状态(寄存器模型)

如图 7.4 所示,在世界 0 寄存器 p 存储了数 2($p=2$),在世界 1 寄存器存储了 1 到 5 中所有除 2 以外的数。b 和 c 对这两个世界可达,即不能区分,而 a 对这两个世界没有可达关系是可以区分的。用双圈表示真实世界 0。后面的图中双圈都表示真实的世界。

这时候,如果 c 猜:"5。"a:"错误。"这时的模型如图 7.5 所示。

图 7.5　猜错后

重复这个过程,直到有人猜 2。a 说:"对。"模型就限制到世界 0,如图 7.6 所示。

图 7.6　有人猜对后

这时所有人都知道这个数是 2。如果 b 心中想一个数 3 并写下来,而其他人并不知道,这时新的寄存器 q 产生,这两个寄存器就有 4 种可能情况,如图 7.7 所示。

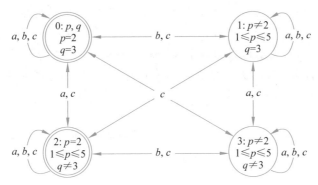

图 7.7　增加一个寄存器 q

如果 b 宣布"$q=3$",那么 $q\neq3$ 的世界将被删除,模型变化如图 7.8 所示。

图 7.8　b 宣布"$q=3$"

这就是著名的猜数游戏,这个猜数游戏逻辑最先是在文献[60]中提出,随后文献[174]又对其进行了详细的讨论。在此,引用这个思想描述密码协议中的信息,以分析协议的安全性。

7.2 非单调性密码协议语言 $\mathcal{L}_{NC}$

早期的分析是将 Forget 行为加入基于 KD45 系统的信念逻辑推导中来体现非单调性,没有建立精确的语言模型来描述协议。在现有的文献中没有基于 $S5$ 系统扩展认知逻辑语言来精确描述具有知识非单调性的密码协议。

现扩展认知逻辑语言 $\mathcal{L}_{NC}$ 来描述密码协议,N 表示非单调性(non-monotone),C 表示密码学(cryptography)。动态认知行为增加到该语言里。

定义 7.1:非单调性密码协议语言 $\mathcal{L}_{NC}$ 的语法　令 P 为基本命题集或寄存器的集合,A 为主体集,具有知识非单调性的密码协议的语言 $\mathcal{L}_{NC}$ 的语法归纳定义如下：

$$\varphi ::= \top \mid p \mid p = N \mid \neg \varphi \mid \varphi \vee \varphi \mid \mathrm{K}_a \varphi \mid \mathrm{C}_B \varphi \mid [\alpha]\varphi$$

$$\alpha ::= S_a m \mid \mathrm{Forget}_a m \mid \alpha \vee \alpha \mid \alpha ; \alpha$$

其中，$p \in P, a \in A, B \subseteq A, p$ 是命题也是寄存器，$N \in \mathbb{N}$ 是自然数，α 是认知行为，$S_a m$ 表示 a 发送消息 m，$\mathrm{Forget}_a m$ 表示 a 忘记（删除）消息 m。$(\alpha \vee \alpha)$ 表示行为的选择，$(\alpha ; \alpha)$ 表示行为的顺序执行。

消息 m 的构造规则仍然遵循第 4 章介绍的密码学构造规则，即

$$\frac{m\ k}{m_k} \quad \frac{m_k\ k}{m} \quad \frac{m\ m'}{(m,m')} \quad \frac{(m,m')}{m} \quad \frac{(m,m')}{m'}$$

给出语义之前，需要知道认知行为的前提条件（precondition）和后置条件（postcondition）。一个动作的完成是需要前提条件的，本协议中动作的前提条件如下：

$$\mathrm{Pre}(S_a m) = \mathrm{K}_a(m = N)$$

$$\mathrm{Pre}(\mathrm{Forget}_a m) = \mathrm{K}_a(m = N)$$

$$\mathrm{Pre}(\alpha ; \alpha') = \mathrm{Pre}(\alpha) \wedge [\alpha]\mathrm{Pre}(\alpha')$$

$$\mathrm{Pre}(\alpha \vee \alpha') = \mathrm{Pre}(\alpha) \vee \mathrm{Pre}(\alpha')$$

动作 $S_a m, \mathrm{Forget}_a m$ 要执行的前提都是该主体先得有 m，就是主体得知道 m 的值，$\mathrm{K}_a(m = N)$ 表示 a 知道 m 的值。一个消息 m 也可以看作一个寄存器，它的值就是这个寄存器存放的内容。

在不安全的网络中，动作 $S_a m$ 执行后，协议所有参与者包括窃听者都能得到这个消息 m。所有主体都知道所有主体都知道了 m 的值，所以 m 的值成为了公共知识。执行 $\mathrm{Forget}_a m$，意味着主体 a 在这个世界删除了 m，这时候 a 在这个世界的信息集就没有 m 的值了，这个动作执行后的世界就不满足 a 知道 $m = N$ 了。

因为这里用了寄存器模型，涉及寄存器内容的问题，用寄存器真值指派来表示。根据猜数游戏，定义寄存器模型。

定义 7.2：寄存器模型　一个寄存器模型 $\mathcal{M} = (W, R, V)$ 中，(W, R) 是一个多主体的 $\mathcal{S}5$ 框架。V 是一个值函数，它指派给每一个世界的值是一个元组 (P_w, f_w)。

$P_w \subseteq P$　在世界 w 为真的基本命题集。

f_w 是在 Q 上的一个函数，指派每一个 $q \in Q$（$Q \subseteq P$ 变量的全局集或者称为值域）是一个元组 (I, J, X)，其中：$I, J \in Z, I \leqslant J, X \subseteq Z$（这里 Z 表示整数集合）表示以下意思：$f_w(q)$ 通过 $f_w^0(q), f_w^1(q), f_w^2(q)$ 来表示 q 在 w 的取值范

围。这个范围有一个下界 I,上界 J,一个排除值的集合 X,即 $f_w(q)=(I,J,X)$ 表示在世界 w,q 的可能值是 I 和 J 之间的数除了 X,即 $\{q \in Z \mid q \notin X \wedge I \leqslant q \leqslant J\}$。

定义 7.3:指派函数 h 在寄存器模型中,值函数是指派命题(或寄存器)到整数的一个映射。在一个世界 w 的一个指派 h 记作:$w \multimap h$。

定义 7.4:非单调性密码协议语言 $\mathcal{L}_{NC}$ 的语义 给定原子命题集或寄存器集 P 和主体集 A,令模型 $\mathfrak{M}=(W,\sim,V)$,状态 $w \in W,h$ 是 w 上的一个指派。语言 $\mathcal{L}_{NC}$ 的语义定义如下:

$\mathfrak{M},w,h \vDash \top$ 当且仅当 $\mathfrak{M},w,h \nvDash \bot$;

$\mathfrak{M},w,h \vDash p$ 当且仅当 $p \in P_w$;

$\mathfrak{M},w,h \vDash p=N$ 当且仅当 $h(p)=N$;

$\mathfrak{M},w,h \vDash \neg \varphi$ 当且仅当 $\mathfrak{M},w,h \nvDash \varphi$;

$\mathfrak{M},w,h \vDash \varphi \vee \psi$ 当且仅当 $\mathfrak{M},w,h \vDash \varphi$ 或者 $\mathfrak{M},w,h \vDash \psi$;

$\mathfrak{M},w,h \vDash K_a \varphi$ 当且仅当任意一个 $w' \in W$,如果 $w \sim_a w'$,则对任意一个 $h' \multimap w',\mathfrak{M},w',h' \vDash \varphi$;

$\mathfrak{M},w,h \vDash C_B \varphi$ 当且仅当任意一个 $w' \in W$,如果 $w \sim_B w'$,则对任意一个 $h' \multimap w',\mathfrak{M},w',h' \vDash \varphi$;

$\mathfrak{M},w,h \vDash [\alpha]\varphi$ 当且仅当如果 $\mathfrak{M},w,h \vDash \mathrm{Pre}(\alpha)$ 和对所有的 $\mathfrak{M}',w'$ 和 $h' \multimap w':(\mathfrak{M},w)\mid \alpha \mid (\mathfrak{M}',w')$ 那么 $\mathfrak{M}',w',h' \vDash \varphi$;

$\mathfrak{M},w,h \vDash [S_a m]\varphi$ 当且仅当对所有的 $\mathfrak{M},w'$ 和 $h' \multimap w'$,如果 $\mathfrak{M},w,h \vDash K_a(m=N)$ 和 $(\mathfrak{M},w)\mid S_a m \mid (\mathfrak{M},w')$,那么 $(m=N) \in P_{w'}$,并且 $\mathfrak{M},w',h' \vDash \varphi$;

$\mathfrak{M},w,h \vDash [\mathrm{Forget}_a m]\varphi$ 当且仅当对所有的 $\mathfrak{M}',w'$ 和 $h' \multimap w'$,如果 $\mathfrak{M},w,h \vDash K_a(m=N)$ 和 $(\mathfrak{M},w)\mid \mathrm{Forget}_a m \mid(\mathfrak{M}',w')$,那么 $\mathfrak{M}',w',h' \nvDash K_a(m=N)$ 并且 $\mathfrak{M}',w',h' \vDash \varphi$;

$\mid \alpha;\alpha' \mid = \mid \alpha \mid \circ \mid \alpha' \mid$

$\mid \alpha \vee \alpha' \mid = \mid \alpha \mid \vee \mid \alpha' \mid$

在一个不安全的网络中,执行后 $S_a m$ 后,网络中所有主体都会得到这个信息,等于公开宣告了 m 的值,所以执行这个动作后 m 的值成了公共知识,把模型限制到 $m=N$ 的世界。主体 a 执行 $\mathrm{Forget}_a m$ 后,就不再拥有 m 的值,所以该动作执行后的模型中,就不再满足主体 a 知道 m 的值。已有的文献中将 forget 作为认知行为是用规则来解释的,没有用语义来解释。

7.3 非单调性密码协议的实例

Khat 协议实际上是一个认证系统[175]，Khat 协议要求用户要有一个有效的票据来保持有生命周期的认证环境下某一作业的长时间运行。在这个环境中，假设服务器是可信的，由它来发布票据，类似于 Kerberos 协议中的票据[176]，当用户想要访问某服务器的资源时，必须先有该服务器的票据，并且这个票据没有过期。如果作业运行需要很长时间，用户需要对该作业未来的运行时间做出规划并预约，必要时更新票据，直到工作完成。作业保存在安全的服务器端，发送和接收都以加密的形式。服务器为请求访问的用户生成票据并以加密的形式和作业一起发送给用户。然后客户端运行作业。

协议具体过程是，当用户提交一个作业时，Khat 协议的客户端会创建一个文件，这个文件包含了后面运行该作业所需要的所有信息，如环境变量，然后将文件发送给服务器。Khat 服务器保存该文件，而客户端从内存中删除该文件。Khat 服务器和客户端拥有一个会话密钥 k 以便在工作运行时使用。客户端生成一个新的密钥 n 以加密 k。它保留 k_n，然后再用 k 加密 n，并将加密结果 n_k 发送给服务器。同样服务器保存 n 而客户端删除 n。这个过程主要是为了保护密钥 k。协议过程描述如下：

第一阶段：

客户端(client)和服务器(server)都有会话密钥 k。客户端生成文件(Spool File)，生成 n。

第 1 步　$c \rightarrow s$：$(\mathrm{SF}, n)_k$

这一步客户端(c)将文件 SF 和 n 联结并加密后发送给服务器(s)。然后客户端用 n 加密 k 并保留 k_n。(SF, n) 表示 SF 和 n 的联结。服务器收到 $(\mathrm{SF}, n)_k$ 后解密得到 SF 和 n。

第 2 步　c：删除 k，SF，n。

这一步客户端将文件 SF 和 n 以及 k 删除。这主要是防止客户端被攻击从而泄露 k。

第二阶段：

服务器生成票据 TGT。

第 3 步　$s \rightarrow c$：n，$(\mathrm{SF}, \mathrm{TGT})_k$

服务器将新生成的票据与 SF 一起加密后的文件和 n 发送给客户端。

客户端收到后用 n 解密 k_n 得到 k，再解密 $(\mathrm{SF}, \mathrm{TGT})_k$，得到 SF，TGT（文

件和票据)。客户端得到票据 TGT 才能运行作业。这个票据是有期限的,如果作业运行时间超过票据期限,作业运行会被中断,客户端需要请求新的票据来运行它。

7.4 非单调性密码协议的分析

从上节的描述可见,这个协议与其他协议不同的是涉及知道的非单调性。在第 2 步,客户端删除一些信息后就不再拥有它们了。所以这类分析就不能使用原来的办法。应用前面扩展的动态认知逻辑分析这个协议。协议中有 3 个主体:客户端(c)、服务器(s)和攻击者(a)。即主体集 $A=\{c,s,a\}$。这里的攻击者(attacker)是一个积极的攻击者,他可以窃听这个信道传输的所有消息,而且会转发和响应消息,但是他没有密钥 k。首先,c 和 s 有密钥 k,而 a 没有。这里认为某个主体拥有某个信息就是知道它的值。c 生成 SF 和 n,也就是 c 知道它们的值。这个系统中把主体生成的数据看成是他已知的,正如初始分配的一样。所以,在协议运行的初始状态,各个主体的信息集如下:$I_a=\varnothing$,$I_s=\{k\}$,$I_c=\{k,(\mathrm{SF},n)\}$(这里的 I 表示信息集,$I_a$ 表示主体 a 的信息集)。初始状态,攻击者 a 的信息集为空。为了书写简便,信息集里存放寄存器的名称,表示该主体知道它们相应的值。为了分析的方便,这里把(SF,n)看成一个数据,因为它们总是联结出现,当然也可以分开的。根据寄存器模型,一个数据看成一个寄存器,这里有两个寄存器 k 和(SF,n),数据名称就作为寄存器名称,它们的值用 N 来表示,即 $k=N_1$,(SF,n)$=N_2$,两个寄存器有 4 种可能的情况。协议的初始模型如图 7.9 所示。

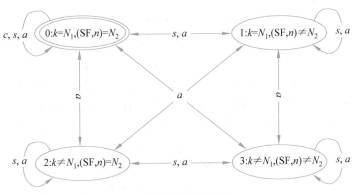

图 7.9 协议的初始模型

这个协议模型用 Crypto 来表示,同样地,真实状态用双椭圆来标明。从图 7.9 来看,式 (7-1) 成立。

$$K_{c,s}(k = N_1) \wedge K_c((SF,n) = N_2) \wedge \neg K_a(k = N_1) \wedge \neg K_a((SF,n) = N_2)) \tag{7-1}$$

注意,这里的 K 和 k 是不同的,不同的含义用不同的字体表明,从一开始 K 表示算子知道,k 表示密钥。

根据构造规则,c 有 k 和 (SF,n),它可以构造 $(SF,n)_k$。于是 c 的信息集变为:$I_c = \{k, (SF,n), (SF,n)_k\}$。这时新的寄存器产生。假定 $(SF,n)_k = N_3$,c 将它发送给 s,模型变化为图 7.10。图 7.10 中省略了 (SF,n),因为它不会被发送。在这个不安全的网络中,信息的发送等于是宣告了信息的值,那些 $(SF,n)_k \neq N_3$ 的情况就不存在了。所以这两个寄存器的值有两种可能的情况。从模型的变化可以看到 c、s、a 的知识变化。这时,他们的信息集为 $I_a = \{(SF,n)_k\}$,$I_s = \{k, (SF,n)_k\}$,$I_c = \{k, (SF,n), (SF,n)_k\}$。

图 7.10　服务器 s 发送 $(SF,n)_k$ 后的模型

由图 7.10,可以得到式 (7-2)。

$$K_{c,s}(k = N_1) \wedge C_A((SF,n)_k = N_3) \wedge \neg K_a(k = N_1) \tag{7-2}$$

因为是在一个开放的网络中,发送一个数据就相当于是公开宣告了,所有的主体都知道所有的主体都知道这个信息了。如图 7.10 所示,s 发送了 $(SF, n)_k$ 后,它就变成了公共知识。攻击者 a 得到了它,可以进行重放攻击。重放攻击的意思是说,攻击者可以把在网络中已经获得的信息不加改动地重新反复发送给接收方。往往在网络中传输的是加密数据即密文,即使攻击者不知道相应的明文,只要他明白这些密文的功能,就可以无限次地发送这些密文,使得接收者一直处理这个密文的任务。例如,在网上存取款系统中,假如这条消息是用户支取了一款项,窃听者完全可以多次发送这条消息欺骗银行进而偷窃存款。这里,如果 a 多次发送这条消息,导致服务器端有多个作业文件需要处理,服务器端因为繁忙或引发网络拥塞。后面真正需要处理的文件被延长等待时间。协议分析到这就发现了这个严重缺陷。应对重放攻击常用的办法是在消息中加入新鲜纳时,当用户调度一作业时,会在消息中加入一个从未使用过的纳时,以表消息的新鲜性,这个纳时只能使用一次,如果服务器再收到含有这个纳时的消息,他就不再相信而忽略这条消息,从而有效地防止了重放攻击。因此,c 增加一个新鲜纳时 n_i 在加密数据里。这时协议改进如下。

第一阶段:

客户端(client)和服务器(server)都有会话密钥 k。客户端生成文件(spool file,SF),生成 n。

第 1 步 　$c \rightarrow s$：$(SF, n, n_i)_k$。

客户端(c)将文件 SF 和 n 以及新鲜纳时 n_i 联结并加密后发送给服务器(s)。客户端加密 k_n 并保留。(SF, n, n_i) 表示 SF 和 n 以及新鲜纳时 n_i 的联结。

第 2 步 　c：删除 k,SF,n。

客户端将文件 SF 和 n 以及 k 删除。服务器收到 $(SF, n, n_i)_k$ 后解密得到 SF,n 和 n_i。

第二阶段:

服务器生成票据 TGT。

第 3 步 　$s \rightarrow c$：n,$(SF, TGT)_k$。

客户端收到后用 n 解密 k_n 得到 k,再解密 $(SF, TGT)_k$,得到 SF,TGT(文件和票据)。

改进后的模型用 Crypto$'$ 来表示,不再重复前面的分析。s 发送带新鲜纳时的加密文件后,所有主体的信息集被更新为 $I_a = \{(SF, n, n_i)_k\}$,$I_s = \{k, (SF, n, n_i)_k\}$,$I_c = \{k, (SF, n), (SF, n, n_i)_k\}$。令 $(SF, n, n_i)_k = N_3$,模型更新如图 7.11 所示。

图 7.11　服务器 s 发送 $(SF, n, n_i)_k$ 后的模型

图 7.11 满足式(7-3)。

$$K_{c,s}(k = N_1) \wedge C_A((SF, n, n_i)_k = N_3) \wedge \neg K_a(k = N_1) \qquad (7\text{-}3)$$

如果这时 a 再将这个消息进行重放,s 将忽略它,因为 s 已经收到过含有 n_i 的消息了。因此,这个安全缺陷消除。根据协议,c 用 n 加密 k,保留 $\{k\}_n$ 忘记其他所有的信息。假定 $k_n = N_4$ 这时模型如图 7.12 所示。

图 7.12 满足式(7-4)。

$$K_s(k = N_1) \wedge K_{s,a}((SF, n, n_i)_k = N_3) \wedge \neg K_a(k = N_1) \wedge K_{s,c}(k_n = N_4)$$

$$(7\text{-}4)$$

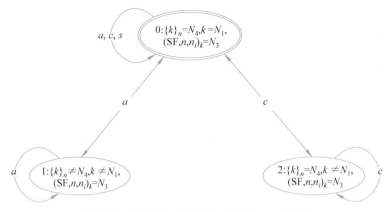

图 7.12   客户端 c 执行 Forget(SF,n,n_i,k) 后

这时,其信息集变为 $I_a=\{(\mathrm{SF},n,n_i)_k\}$,$I_s=\{k,(\mathrm{SF},n,n_i)_k,\{k\}_n\}$,$I_c=\{k_n\}$。根据构造规则,$s$ 解密 $(\mathrm{SF},n,n_i)_k$,得到 SF 和 n,由于有 n 和 k,所以是知道 k_n 的。这时候,c 只有 k_n 了。没有 n 和 k,a 也不能计算得到 SF,即使他暴力控制客户端 c,也只有 N_3 和 N_4 这两个加密数据。所以这时候协议还是安全的。通常情况下,服务器 s 被认为是安全的,不会遭受攻击。SF 和 n 存储在服务器,因此,这一阶段密钥 k 得到了保护。

在第二阶段中,生成票据 TGT 后,s 发送 n 和 $(\mathrm{SF},\mathrm{TGT})_k$ 给 c。c 收到的同时 a 也窃听到了,所以所有主体的信息集被更新为:$I_a=\{(\mathrm{SF},n,n_i)_k,n,(\mathrm{SF},\mathrm{TGT})_k\}$,$I_s=\{k,(\mathrm{SF},n,n_i)_k,k_n,n,(\mathrm{SF},\mathrm{TGT})_k\}$,$I_c=\{k_n,n,(\mathrm{SF},\mathrm{TGT})_k\}$。假定 $n=N_5$,$(\mathrm{SF},\mathrm{TGT})_k=N_6$。因为 n,$(\mathrm{SF},\mathrm{TGT})_k$ 成为了公共知识,所以 $n\neq N_5$,$(\mathrm{SF},\mathrm{TGT})_k\neq N_6$ 那些情况就不存在了。模型图如图 7.13 所示。

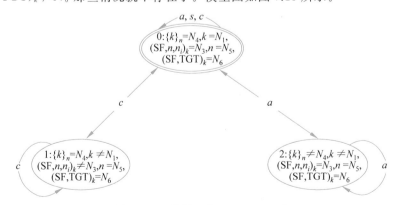

图 7.13 s 发送 n 和 $(\mathrm{SF},\mathrm{TGT})_k$ 后

图 7.13 满足式(7-5)。

$$\mathrm{K}_s(k=N_1) \wedge \mathrm{K}_{s,a}((\mathrm{SF},n,n_i)_k=N_3) \wedge \mathrm{C}_A((n=N_5) \wedge \qquad (7\text{-}5)$$
$$((\mathrm{SF},\mathrm{TGT})_k=N_6)) \wedge \neg \mathrm{K}_a(k=N_1) \wedge \mathrm{K}_{s,c}(k_n=N_4)$$

式(7-5)表明了目前各主体知道的所有的知识。N_5 和 N_6 变成了公共知识。因此,主密钥 n 被泄露。存储在客户端 c 的 k_n 如果被暴力攻击,攻击者 a 就能得到 k,从而作业 SF 和票据 TGT 被暴露。这个协议是不安全的,应该更换协议。图 7.13 是协议运行的最后一步的模型表示,式(7-5)即为协议的分析结果。在第二阶段,应用扩展的认知逻辑检测出了一个新的缺陷。

7.5 本章小结

本章对具有知识非单调性的密码协议的安全性进行了逻辑表示(即逻辑分析)。首先介绍了寄存器模型,用寄存器模型的思想简洁、直观地刻画出参与这个协议的主体知道的知识。构造了描述这个协议的语言及其语法和语义,用行为 forget 来表示主体忘记知识,体现知道的非单调性。将 forget 加入语言的语法中,并用精确的语义进行解释。对这个协议运行过程进行完全形式化,这个形式化过程即为协议的分析过程。对主体知道的知识进行了详细分析。在不安全的网络中,数据发送就等于将这个数据公开,由此展示了协议中各主体的知识随认知行为执行的变化情况。协议运行到最后一步的模型表示即为协议的分析结果。这个结果表明该协议存在缺陷。

参 考 文 献

[1] BURROWS M, ABADI M, NEEDHAM R M. A logic of authentication[J]. ACM Trans. Comput. Syst.,1990,8(1)：18-36.

[2] GONG L, NEEDHAM R, YAHALOM P. Reasoning about belief in cryptographic protocols[C]//In Proceedings. 1990 IEEE Computer Society Symposium on Research in Security and Privacy,1990(6)：234-248.

[3] OORSCHOT P. Extending cryptographic logics of belief to key agreement protocols [C]//In Proceedings of the 1st ACM Conference on Computer and Communications Security,CCS'93,ACM. New York,NY,USA,1993：232-243.

[4] MAO W, BOYD COLIN. Towards formal analysis of security protocols [J]. In Proceedings of the Computer Security Foundations Workshop VI,1993(7)：147-158.

[5] ABADI M, TUTTLE. M R. A semantics for a logic of authentication (extended abstract) [C]//In Proceedings of the Tenth Annual ACM Symposium on Principles of Distributed Computing,ACM. New York,NY,USA,PODC'91,1991：201-216.

[6] KHWAJA M, ANWAR G, ASHRAF C S,et al. Securing IoT-Based RFID Systems：A Robust Authentication Protocol Using Symmetric Cryptography [J]. SENSORS,NOV 2019,19(21),4752.

[7] RIHAB B, BALKIS H, ELHOUCINE E M, et al. Privacy-preserving aware data transmission for IoT-based e-health [J]. Computer Networks,2019(10)：162.

[8] GHANI A, HASSAN K M U, MEHMOOD S, et al. Security and key management in IoT-based wireless sensor networks：An authentication protocol using symmetric key [J]. International Journal of Communication Systems,2019,32(16)：1-18.

[9] WANG, FEIFEI, XU GUOAI, GU LIZE. A Secure and Efficient ECC-Based Anonymous Authentication Protocol [J]. Security and Communication Networks,2019 (1)：1-13.

[10] 谢鸿波.安全协议形式化分析方法的关键技术研究[D]. 成都：电子科技大学,2011.

[11] 肖德琴,周权,张焕国,等. 基于时序逻辑的加密协议分析[J]. 计算机学报,2012(10)：1083-1089.

[12] 李益发. 密码协议安全性分析中的逻辑化方法：一种新的 BAN 类逻辑[D]. 郑州：中国人民解放军战略支援部队信息工程大学,2011.

[13] 石曙东. 一种安全协议的形式化验证方法[J],湖北师范学院学报(自然科学版),2014,24(1)：15-18.

[14] 周勇. 逻辑程序及其在安全协议验证中的应用[D]. 南京：南京航空航天大学,2006.

[15] SYVERSON P F,OORSCHOT P C. On unifying some cryptographic protocol logics

[C]//In Proceedings of 1994 IEEE Computer Society Symposium on Research in Security and Privacy,May 1994：14-28.

[16] SYVERSON P F,OORSCHOT P C. A Unified Cryptographic Protocol Logic[J]. Nrl Chaos Report,1996.

[17] KURHADE B S,KSHIRSAGAR M. Formalization and analysis of Borda protocol using pi calculus [C]//Pattern Recognition, Informatics and Mobile Engineering (PRIME),2013 International Conference.[S.l.]：IEEE,2013.

[18] 文静华,张梅,李祥. 一种新的密码协议分析方法及其应用[J]. 计算机应用,2006,26 (5)：1087-1089.

[19] LEI XINFENG,RUI XUE,TING YU. A timed logic for modeling and reasoning about security protocols[J]. IACR Cryptology ePrint Archive,2010(1)：1-10.

[20] DATTA A,DEREK A,MITCHELL J C,et al. Protocol composition logic(PCL) [J]. Electr. Notes Theor. Comput. Sci.,2007(172)：311-358.

[21] COHEN M,DAMS M. A complete axiomatisation of knowledge and cryptography [C]//In Proceedings of the 22nd Annual IEEE Symposium on Logic in Computer Science,2007：77-88.

[22] SIMON K. Logical concepts in cryptography[J]. ACM SIGACT News,2007,38 (4)：65.

[23] PAULSON L C. The inductive approach to verifying cryptographic protocols[J]. J. Comput. Secur.,1998(1),6(1-2)：85-128.

[24] PAULSON L C. Relations between secrets：The yahalom protocol[C]//In Security Protocols,7th International Workshop,Cambridge,UK,April 19-21,1999. [S.l.]：[s. n.],1999：73-84.

[25] MARTINA J E,PAULSON L C,MARTINA J E,et al. Verifying Multicast-Based Security Protocols Using the Inductive Method [J]. International Journal of Information Security,2015,14(2)：187-204.

[26] CIRSTEA H. Specifying authentication protocols using rewriting and strategies[C]// In Practical Aspects of Declarative Languages,Third International Symposium,PADL 2001,Las Vegas,Nevada,March 11-12,2001,Proceedings,2001,138-152.

[27] GIORGIO D,CAMILLO F,ALBERTO M,et al. Logic-based Verification of the Distributed Dining Philosophers Protocol[J]. Fundamenta Informaticae,2018,161(1-2)：113-133.

[28] REDDY M M,REDDY M V,KAZUHIRO O. Formal analysis of a security protocol for e-passports based on rewrite theory specifications[J]. Journal of Information Security and Applications,2018,42：71-86.

[29] CAI X. A pure labeled transition semantics for the applied pi calculus[J]. Information

Sciences,2010,180(22): 4436-4458.

[30] HOARE C A R. Communicating sequential processes[J]. Commun. ACM, August, 1978,21(8): 666-677.

[31] HIRSCHI L,BAELDE D,STÉPHANIE D. A method for unbounded verification of privacy-type properties [J]. Journal of Computer Security, 2019,27(3): 277-342.

[32] ANDREA H,NORBERT O. Security analysis of a cloud authentication protocol using applied piCalculus [J]. International Journal of Internet Protocol Technology,2019,12 (1): 16-25.

[33] ROBIN M. A calculus of communicating systems[J]. Lecture Notes in Comput. sci. 1991,15(208).

[34] ABADI M. Secrecy by typing insecurity protocols [J]. In Theoretical Aspects of Computer Software, Third International Symposium, TACS'97, Sendai, Japan, September 23-26,1997,Proceedings,1997: 611-638.

[35] ABADI M,BLANCHET B. Secrecy types for asymmetric communication[J]. Theor. Comput. Sci.,2003,298(3): 387-415.

[36] GORDON A D,JEFFREY A. Authenticity by typing for security protocols[C]//In 14th IEEE Computer Security Foundations Workshop (CSFW-14 2001),11-13 June 2001,Cape Breton,Nova Scotia,Canada,2001.[S.l.]:[s.n.],2001: 145-159.

[37] GORDON A D, JEFFREY A. Types and effects for asymmetric cryptographic protocols[C]//In 15th IEEE Computer Security Foundations Workshop (CSFW-15 2002),24-26 June 2002,Cape Breton,Nova Scotia,Canada.[S.l.]:[s.n.],2002: 77-91.

[38] CARDELLI L, GHELLI G, GORDON A D. Secrecy and group creation [C]//In CONCUR 2000-Concurrency Theory,11th International Conference,University Park, PA,USA,August 22-25,2000,Proceedings.[S.l.]:[s.n.],2000: 365-379.

[39] ABADI M,BLANCHET B. Analyzing security protocols with secrecy types and logic programs[J]. J. ACM,2005,52(1): 102-146.

[40] STEVE K,ROBERT K. Automated analysis of security protocols with global state [J]. Journal of Computer Security,2016,24(5): 583-616.

[41] BLANCHET B,SMYTH B. Automated reasoning for equivalences in the applied pi calculus with barriers[J]. Journal of Computer Security,2018,26(3): 367-422.

[42] ARSAC W,BELLA G,CHANTRY X,et al. Multi-Attacker Protocol Validation[J]. Journal of Automated Reasoning,2011,46(3-4): 353-388.

[43] ROSCOE A W,BROADFOOT P J. Proving security protocols with model checkers by data independence techniques[J]. Journal of Computer Security,1999,7(1): 147-190.

[44] LU Y,SUN M. Modeling and Verification of IEEE 802. 11i Security Protocol in UPPAAL for Internet of Things[J]. International Journal of Software Engineering and

Knowledge Engineering,2018,28(11-12): 1619-1636.

[45] BAGHERI H,KANG,MALEK S,et al. A formal approach for detection of security flaws in the android permission system[J]. Formal Aspects of Computing,2018,30 (5): 525-544.

[46] ZHU X,XU Y,LI X,et al. Formal Analysis of the PKMv3 Protocol[J]. Mobile Networks and Applications,2018,23(1): 44-56.

[47] DITMARSCH H V,EIJCK J V,HERNÀ I,et al. Modelling cryptographic keys in dynamic epistemic logic with DEMO[C]//In Highlights on Practical Applications of Agents and Multi-Agent Systems-10th International Conference on Practical Applications of Agents and MultiAgent Systems, PAAMS 2012 Special Sessions, Salamanca,Spain,28-30 March,2012: 155-162.

[48] ROUMANE A,KECHAR B,KOUNINEF B. Formal verification of a radio network random access protocol[J]. International Journal of Communication Systems,2017,30 (18): e3447.

[49] ALAM M,MALIK S U R,JAVED Q,et al. Formal modeling and verification of security controls for multimedia systems in the cloud[J]. Multimedia Tools and Applications,2017,76(21): 22845-22870.

[50] KAZUHIRO O. Model checking the iKP electronic payment protocols[J]. Journal of Information Security and Applications,2017,36: 101-111.

[51] VICTOR F,DIETER H,RAUL M. A Model Checker for the Verification of Browser Based Protocols[J]. Computación y Sistemas, 2017,21(1): 101-114.

[52] OBAID I,KAZMI S A R,QASIM A. Modeling and Verification of Payment System in E-Banking[J]. International Journal of Advanced Computer Science & Applications, 2017,8(8): 195-201.

[53] GHILEN A, AZIZI M, BOUALLEGUE R. Upgrade of a quantum scheme for authentication and key distribution along with a formal verification based on model checking technique [J]. Security and Communication Networks, 2016, 9 (18): 4949-4956.

[54] MOHSEN P, RASOUL R. A Short Introduction to Two Approaches in Formal Verification of Security Protocols: Model Checking and Theorem Proving[J]. Isecure-Isc International Journal of Information Security,2016,8(1): 3-24.

[55] ROHIT C, VINCENT C, STEFAN C, STEVE K. Automated verification of equivalence properties of cryptographic protocols [J]. Acm Transactions on Computational Logic,2016,17(4): 1-20.

[56] SAFFARIAN E Z, VAHID R. Security analysis of network protocols through model checking: a case study on mobile IPv6[J]. Security and Communication Networks,

2016,9(10): 1072-1084.

[57] AHMADI S,FALLAH M S. An Omniscience-Free Temporal Logic of Knowledge for Verifying Authentication Protocols[J]. Bulletin of the Iranian Mathematical Society, 2018,44: 1243-1265.

[58] CHEN XIAOJUAN,DENG HUIWEN. Analysis of cryptographic protocol by dynamic epistemic logic[J]. IEEE Access,2019,7: 29981-29988.

[59] DIXON C, FISHER M, WOOLDRIDGE. Resolution for Temporal Logics of Knowledge,Journal of Logic and Computation 8(3) (1998): 345-372.

[60] GATTINGER M, GATTINGER M. Elements of Epistemic Crypto Logic [C]// International Conference on Autonomous Agents & Multiagent Systems. International Foundation for Autonomous Agents and Multiagent Systems,2015.

[61] GATTINGER M. Epistemic crypto logic-functional programming and model checking of cryptographic protocols[C]//Technical report,ILLC,Amsterdam,2013.

[62] WANG YANJING. Epistemic Modelling and Protocol Dynamics[D]. PhD thesis, ILLC,Amsterdam,2010.

[63] HALPERN J Y, RON V D M, PUCELLA R. An Epistemic Foundation for Authentication Logics,Electronic Proceedings in Theoretical Computer Science [J]. 2017: 287-304.

[64] TSUKADA Y,SAKURADA H,MANO K,et al. On Compositional Reasoning about Anonymity and Privacy in Epistemic Logic[J]. Annals of Mathematics and Artificial Intelligence,2016,78(2): 101-129.

[65] EIJCK J V,DECHESNE F,TEEPE W,et al. Dynamic Epistemic Logic for Protocol Analysis[J]. Texts in Logic & Games,2009(5): 135-146.

[66] EIJCK J V,ORZAN S. Epistemic Verification of Anonymity[J]. Electronic Notes in Theoretical Computer Science. 2007(168): 159-174.

[67]   IPLEA F L, VAMANU L, VARLAN C. Reasoning about Minimal Anonymity in Security Protocols[J]. Future Generation Computer Systems,2013,29(3): 828-842.

[68] MANO K,KAWABE Y,SAKURADA H,et al. Role Interchange for Anonymity and Privacy of Voting[J]. Journal of Logic and Computation,2010,20(6): 1251-1288.

[69] MEYDEN R V D,THOMAS WILKE. Preservation of epistemic properties in security protocol implementations[C]//In Proceedings of TARK'07,2007: 212-221.

[70] XIN-FENG L,JUN L,JUN-MO X. Time-Dependent Cryptographic Protocol Logic and Its Formal Semantics[J]. Journal of Software,2011,22(3): 525-557.

[71] SHARAR A, FALLAH M S, MASSOUD P. On the properties of epistemic and temporal epistemic logics of authentication[J]. Informatica (Slovenia),2019,43(2): 161-175.

[72] SU K, CHEN Q, SATTAR A, et al. Verification of Authentication Protocols for Epistemic Goals via SAT Compilation [J]. Journal of Computer Science and Technology, 2006, 21(6): 932-943.

[73] SU K, LU GUANFENG, CHEN Q. Knowledge structure approach to verification of authentication protocols[J]. Science in China(F), 2005, 48(4): 513-532.

[74] HOMMERSOM A, MEYER J J, VINK E D. Update Semantics of Security Protocols [J]. Synthese, 2004, 142(2): 229-267.

[75] DECHESNE F, WANG YANJING. Dynamic epistemic verification of security protocols: framework and case study [C]//1st International Conference on Logic, Rationality and Interaction (LORI-I), Beijing Normal University, Beijing, China, 5-9 August 2007.

[76] 雷新锋,薛锐. 密码协议分析的逻辑方法[M]. 北京:科学出版社,2013.

[77] PAAR C, PELZL JAN. Understanding Cryptography — A Textbook for Students and Practitioners[M]. [S.l.]: Springer, 2009.

[78] 许春香,等. 现代密码学[M]. 2版. 北京:清华大学出版社,2015.

[79] 何向东. 新逻辑学概论[M]. 北京:中国农业大学出版社,2009.

[80] 邵强进. 逻辑与思维方式[M]. 上海:复旦大学出版社,2009.

[81] 陈波. 逻辑学是什么[M]. 北京:北京大学出版社,2002.

[82] 郝兆宽. 逻辑究竟是什么以及逻辑应当是什么?[J]. 哲学分析,2016,7(2):46-65.

[83] 唐晓嘉,郭美云. 现代认知逻辑的理论与应用[M]. 北京:科学出版社,2010.

[84] 廖备水. 论辩系统的动态性及其研究进展[J]. 软件学报,2012(11):43-56.

[85] 鞠实儿. 面向知识表示与推理的自然语言逻辑[M]. 北京:经济科学出版社,2009.

[86] 李娜,李巍. 核证逻辑研究概观[J]. 哲学动态,2013(11):93-97.

[87] 翟锦程,李敏. 从逻辑学的角度看论证理论的进展与演进方向[J]. 南开学报(哲学社会科学版),2019,267(01):83-93.

[88] 郭美云. 证实原则的认知逻辑分析[J]. 自然辩证法研究,2014(5):11-15.

[89] 邵强进. 逻辑悖论视角下的真概念[J]. 思想与文化,2015(2):217-230.

[90] 王轶. 汉语"知道"的逻辑刻画[J]. 逻辑学研究,2015,8(2):13-33.

[91] 廖德明. 动态认知逻辑:变化中的认知推理[J]. 自然辩证法研究,2008(12):13-18.

[92] 田立刚. 喻类载道彰显理性:试论先秦名辩学对中国古代文学的影响[J]. 南开学报(哲学社会科学版),2010(1):133-139.

[93] 邹崇理. 时序逻辑程序语言 XYZ/E 的创新性[J]. 重庆理工大学学报(社会科学),2018,32(09):15-21.

[94] 陈伟. 司法裁判正义性的逻辑根据[J]. 重庆理工大学学报(社会科学),2015(9):20-26.

[95] 刘奋荣. 社会网络结构与主体认知变化的逻辑探讨[J]. 哲学研究,2016(1):121-126.

[96] 徐英瑾.黑格尔"逻辑学"对人工智能的启示[J].上海：复旦学报（社会科学版）,2018（6）：26-41.

[97] 陈志远,黄少滨,韩丽丽.现代模态逻辑在计算机科学中的应用研究[J].计算机科学,2013,40(s1)：70-76.

[98] 冯荷飞,曹子宁.交错时序认知逻辑在安全协议中的应用[C]//逻辑学及其应用研究——第四届全国逻辑系统、智能科学与信息科学学术会议论文集.[出版地不详]：[出版者不详],2008.

[99] 任晓明,桂起权.计算机科学哲学研究：认知、计算与目的性的哲学思考[M].北京：人民出版社,2010.

[100] 雷新锋,刘军,肖军模.时间相关密码协议逻辑及其形式化语义[J].软件学报,2011,22(3)：534-557.

[101] 陈武.协商推理机制中的需求序关系研究[J].西南大学学报（自然科学版）,2014（4）：146-151.

[102] 陈武.多元模态逻辑中的范本特姆-罗森定理[J].西南大学学报（自然科学版）,2013（12）：159-164.

[103] 苑博奥,刘军.一种可靠的多方不可否认协议的逻辑分析方法[J].计算机科学,2018,45(7)：149-155.

[104] LI XIAOWU. Topics on dynamic epistemic logic［M］. Sun Yat-sen University Press,2010.

[105] 董英东.模态逻辑发展历史概述[J].燕山大学学报（哲学社会科学版）,2010,11(2)：133-138.

[106] 郭美云.带有群体知识的动态认知逻辑[D].北京：北京大学,2006.

[107] BLACKBURN P,RIJKE M,VENEMA Y. Modal Logic［M］. Cambridge University Press,2011.

[108] https：//plato. stanford. edu/entries/logic-modal/.

[109] 王彦晶.专栏编者导语：超越"知道如是"的知识逻辑[J].逻辑学研究,2016,9(4)：1-3.

[110] MEYDEN R V D. Two Applications of Epistemic Logic in Computer Security［M］. Proof,Computation and Agency. Springer Netherlands,2011.

[111] 王景周,崔建英.基于动态认知逻辑的编辑言语策略[J].出版科学,2019,27(4)：33-38.

[112] 刘奋荣.社会网络中信念修正的几个问题[J].哲学动态,2015(3)：85-90.

[113] 袁永锋.信念修正的逻辑[J].哲学动态,2017(4)：106-111.

[114] 冯彦波.合并逻辑方法研究[D].天津：南开大学,2010.

[115] 朱敏.语境知识域下的汉语隐喻理解——动态认知逻辑描述[D].厦门：厦门大学,2012.

[116] 张玉志,唐晓嘉. 对社会网络中知识流动的逻辑研究[J]. 湖北大学学报(哲学社会科学版),2019,46(2):50-56.

[117] 张建军. 逻辑全能问题与动态认知逻辑[J]. 自然辩证法研究,2000(16):7-9.

[118] 王景周,崔建英. 从实践思维看现代逻辑的发展[J]. 暨南学报(哲学社会科学版),2010,32(1):140-145.

[119] 张建军. 论刑法明确性原则的相对性[J]. 南京大学法律评论,2013(2):223-237.

[120] 王左立. 论演绎的辩护[J]. 南开学报(哲学社会科学版),2006(6):106-113.

[121] SMETS S,FERNANDO R. VELÁZQUEZ-QUESADA. The Creation and Change of Social Networks:A Logical Study Based on Group Size[C]//International Workshop on Dynamic Logic. Springer,Cham,2017.

[122] VAN DITMARSCH H,KNIGHT S,ZGÜN,AYBÜKE. Announcement as effort on topological spaces[J]. Synthese,2019,196:2927-2969.

[123] CHRISTIAN B J,MATTIAS S. A Dynamic Solution to the Problem of Logical Omniscience[J]. Journal of Philosophical Logic,2019,48:501-521.

[124] PHILIPPE B,FERNÁNDEZ-DUQUE D,EMILIANO L. The Dynamics of Epistemic Attitudes in Resource-Bounded Agents[J]. Studia Logica,2019,107:457-488.

[125] ALEXANDRU B,CHRISTOFF ZOÉ,RENDSVIG R K,et al. Dynamic Epistemic Logics of Diffusion and Prediction in Social Networks[J]. Studia Logica,2019,107:489-531.

[126] LI YANJUN,BARTELD K,WANG YANJING. A Dynamic Epistemic Framework for Reasoning about Conformant Probabilistic Plans[J]. Artificial Intelligence,2019,268:54-84.

[127] BADURA C,BERTO F. Truth in Fiction,Impossible Worlds,and Belief Revision[J]. Australasian Journal of Philosophy,2018(2):1-16.

[128] ALEXANDRU B,NICK B,AYBÜKE Z,et al. A Topological Approach to Full Belief [J]. Journal of Philosophical Logic,2019(48):205-244.

[129] VELAZQUEZ-QUESADA F R. Bisimulation characterization and expressivity hierarchy of languages for epistemic awareness models[J]. Journal of Logic and Computation,December 2018,28(8):1805-1832.

[130] HAWKE P,STEINERT-THRELKELD S. Informational dynamics of epistemic possibility modals[J]. Synthese,2018(195):4309-4342.

[131] IRIS V D P,VAN ROOIJ I,SZYMANIK J. Parameterized Complexity of Theory of Mind Reasoning in Dynamic Epistemic Logic[J]. Journal of Logic,Language and Information,2018,27(3):255-294.

[132] PATRICK A. Hard and soft logical information [J]. Journal of Logic and Computation,2017,27(8):2505-2524.

[133] SCHWERING C,LAKEMEYER G. Projection in the Epistemic Situation Calculus with Belief Conditionals[C]//Proceedings of the Twenty-Ninth AAAI Conference on Artificial Intelligence,2015:1583-1589.

[134] DITMARSCH H V,HOEK W V D,KUIJER L B. The Undecidability of Arbitrary Arrow Update Logic[J]. Theoretical Computer Science,2017,693:1-12.

[135] CHOMICKI J. Efficient Checking of Temporal Integrity Constraints Using Bounded History Encoding,ACM Transactions on Database Systems 20(2) (1995):149-186.

[136] 郭美云. 从 PAL 看认知逻辑的动态转换[J]. 自然辩证法研究,2006,22(1):40-43.

[137] 郭美云. 从动态认知逻辑的角度看偏好:刘奋荣《动态偏好逻辑》评介[J]. 逻辑学研究,2011,4(2):137-140.

[138] 郭美云. 证实原则的认知逻辑分析[J]. 自然辩证法研究,2014(5):9-13.

[139] 刘壮虎,李小五. 对动作的认知[J]. 湖南科技大学学报(社会科学版),2005,8(6):33-38.

[140] 徐康,王轶. 群体简单宣告逻辑[J]. 逻辑学研究,2018(1):1-22.

[141] 刘奋荣. 从方法论的角度看动态认知逻辑的研究[J]. 世界哲学,2010(3):35-43.

[142] 胡义昭. 动态认知逻辑的一个批评[J]. 重庆理工大学学报(社会科学版),2010,24(2):34-38.

[143] DIXON C,FISHER M. Resolution-Based Proof for Multi-Modal Temporal Logics of Knowledge[C]//GOODWIN S,TRUDEL A. Proceedings of TIME-00 the Seventh International Workshop on Temporal Represent.

[144] 李小五. 动态认知逻辑的几个应用[J]. 逻辑与认知,2006,4(1):60-86.

[145] 张晓君,郝一江. 基于行动逻辑的智能主体行为表征研究[J]. 重庆理工大学学报(社会科学),2013,27(1):13-19.

[146] 廖德明. 会话中多主体的语言信息动态认知[J]. 中南大学学报(社会科学版),2008,14(3):420-424.

[147] 张晓芒. 逻辑的求善功能[J]. 南开学报(哲学社会科学版),2011(4):117-125.

[148] 王左立. 试论认知逻辑研究中的若干问题[J]. 南开学报(哲学社会科学版),2003(6):109-115.

[149] 刘叶涛. 关于可能世界视域中的名称与本质问题:兼评中西学者在相关领域中的学术论争[J]. 东南大学学报(哲学社会科学版),2005(1):31-34,123.

[150] BALTAG A,MOSS L S,SOLECKI S. The logic of public announcements,common knowledge, and private suspicions [J]. Readings in Formal Epistemology:Sourcebook,Springer International Publishing,2016,1:773-812.

[151] BENTHEM J V,EIJCK J V,KOOI B. Logics of communication and change[J]. Information and Computation,2006,204(11):1620-1662.

[152] DITMARSCH H V,HERZIG A,LORINI E,et al. Is Schwarzentruber. Listen to me!

public announcements to agents that pay attention-or not[C]//In Proceedings of LORI,2013.

[153] MEYDEN R V D,SU K. Symbolic model checking the knowledge of the dining cryptographers[C]//In 17th IEEE Computer Security Foundations Workshop (CSFW'04),2004:280.

[154] RUBIN A D,HONEYMAN P. Long running Jobs in an authenticated environment. UNIX Security IV Symposium proceedings. pub-UNSENIX: USENIX,1993: 19-28.

[155] MOSER L E. A logic of knowledge and belief for reasoning about computer security [C]//Computer Security Foundations Workshop II,Proceedings of the IEEE,1989: 47-63.

[156] LIN F,REITER R. Forget it! In Working Notes of AAAI Fall Symposium on Relevance,1994,pp 154-159.

[157] GELFOND M,LIFSCHITZ V. Classical negation in logic programs and disjunctive databases[J]. New Generation Computing,1991,9(3-4): 365-385.

[158] WU CHEN,FOO N Y,ZHANG MINGYI. Forgetting in Logic Programs with OrderedDisjunction[C]//AI 2007: Advances in Artificial Intelligence,20th Australian Joint Conference on Artificial Intelligence,2007: 254-262.

[159] YAN ZHANG,YI ZHOU. Knowledge forgetting: Properties and applications[J]. Artificial Intelligence,2009,(173): 1525-1537.

[160] DITMARSCH H V,KOOI B. Semantic results for ontic and epistemic change[J]. Philosophy,2006: 87-117.

[161] CREMERS C J F,MAUW S. Operational Semantics of Security Protocols[C]// International Conference on Scenarios: Models. Springer-Verlag,2005: 66-89.

[162] PNUELI A,ROSNER R. On the Synthesis of a Reactive Module[C]//Proceedings of the 16th ACM Symposium on the Principles of Programming Languages 1989: 179-190.

[163] KUPFERMAN O,VARDI M. Synthesis with Incomplete Information,in: Advances in Temporal Logic,Applied Logic Series 16 (2000): 109-127.

[164] HOLZMANN G. Design and Validation of Computer Protocols. Prentice-Hall, Englewood Cliffffs,New Jersey,1991.

[165] CLARKE E,GRUMBERG O,PELED D A. Model Checking[M]. [S.l.]: MIT Press,2000.

[166] FAGIN R,HALPERN J Y,MOSES Y,et al. Vardi. Reasoning About Knowledge [M]. [S.l.]: MIT Press,1995.

[167] ARTALE A,FRANCONI E. Temporal Description Logics,in: Handbook of Temporal Reasoning in Artificial Intelligence,Foundations of Artificial Intelligence,

Elsevier,2005：375-388.

[168] WOLTER F，ZAKHARYASCHEV M. Temporalizing Description Logics［C］//In Frontiers of Combining Systems 1999. ［S.l.］：［s.n.］,1999：379-402.

[169] CHOMICKI J，TOMAN D. Temporal Logic in Information Systems［C］//In Logics for Databases and Information Systems 1998.［S.l.］：［s.n.］,1998：31-70.

[170] CHOMICKI J. Effififficient Checking of Temporal Integrity Constraints Using Bounded History Encoding［J］. ACM Transactions on Database Systems 20（2）（1995）：149-186.

[171] DIXON C，FISHER M，WOOLDRIDGE M. Resolution for Temporal Logics of Knowledge［J］. Journal of Logic and Computation 8(3)(1998)：345-372.

[172] DIXON C，FISHER M. Resolution-Based Proof for Multi-Modal Temporal Logics of Knowledge［C］//Proceedings of TIME-00 the Seventh International Workshop on Temporal Represent，2000.

[173] ANTONIOU G，EITER T，WANG K. Forgetting for Defeasible Logic ［C］// Proceedings of the 18th international conference on Logic for Programming，Artificial Intelligence,and Reasoning. Springer-Verlag,2012.

[174] GATTINGER M，EIJCK J V. Towards Model Checking Cryptographic Protocols with Dynamic Epistemic Logic［C］//In Proceedings LAMAS （LAMAS 2015），Istanbul,Turkey,2015.

[175] HONEYMAN A D R P. Long running jobs in an authenticated environment［C］// Usenix Security Conference IV,1993.

[176] STEINER J G,NEUMAN B C,SCHILLER J I. Kerberos An Authentication Service for Open Network Systems［C］//Usenix Conference Proceedings，Dallas，Texas. February,1988：191-202.